The If Machine:
Philosophical Enquiry in the Classroom

陪孩子成长系列丛书

帮助孩子发展思维

［英］彼得·沃利（Peter Worley）著
［英］塔玛·利瓦伊（Tamar Levi）绘
李爱军 译
胡庆芳 校

中国人民大学出版社
·北京·

总 序

曾经在网上读到一对父母写给孩子的一封信，字里行间饱含对孩子无限的关爱与期盼，让人能够真切感受到父母之爱的伟大与深厚。现在与各位一起分享这封信：

亲爱的孩子，真的好感谢上苍把你带进我们的生活，有你的日子总是充满了欢乐和希望！随着你慢慢懂事和逐渐融入社会，作为过来人，我们总是好像有许多的感悟和体会要讲给你听，以避免你再去经历我们曾经走过的弯路。可每次面对面讲述的时候又总觉得意犹未尽，于是提起笔把这些零零碎碎的人生心得写下来等你慢慢品味和体悟。

1. 爱自己。孩子，在这个世界上爱自己是第一重要的事，爱自己是你一生幸福的基石。爱自己就是在内心深处完全地接受自己，既接受自己的长处和拥有，也接受自己的短处和缺少。完全接受自己的人，不刻意地张扬和炫耀自己的长处，也不刻意地遮掩和庇护自己的短处；既不妒忌别人的拥有，也不为自己的缺少而悲怨。

每个人都非常需要被他人接受和重视。一个完全接受自己的人，也容易接受和重视他人。人不接受他人，主要是因为他人有这样或那样的短处。人能接受自己有这样或那样的短处，也就容得下

帮助孩子发展思维

他人的各种不足。当你接受和重视别人时，你也就被别人接受和重视。当你完全接受自己时，你也能够接受世界是不够完美的、人间不总是温暖的、人生的路不总是平坦的。

人的一生是一个不断接受自己与不断完善自己的过程。只有完全地接受了自己，你才能够不断地完善和提高自己。完全接受自己的人心中踏实、有信心，知道自己有价值，懂得珍重自己、爱惜自己和保护自己，也能做到体谅别人、关心别人和宽恕别人。完全接受自己，你就好像给自己编织了一件万能的衣裳，穿上它，在你人生的历程中不论遇到什么样的狂风暴雨、酷暑严寒，它都能为你挡风遮雨、避暑御寒。

写首诗送你吧：我喜欢我，一个不完美的我。由于不完美，那才是我。完美的我不是我，那只是一个雕塑。

2. 负责任。孩子，要做一个负责任的人，不论发生了什么事，只要与你有关，你就要勇敢地承担你那部分责任，不要找借口去推卸。只要担起你那部分责任，你就不会怨天怨地，你就会正确对待一切发生的事。承担了你的责任，你就掌握了事态的主动权，你就能够更好地解决你所遇到的困难和问题。承担了你那部分责任，你就能从坎坷中吸取教训、积累经验。将来，你就能够担得起生命中更大的责任。一个勇于承担责任的人，也是一个守信用的人、一个诚实的人、一个有自尊的人和一个公正的人。

3. 好身体。孩子，身体是人生的本钱。有个好身体，你才能更好地经历和享受人生。有个好身体不是一朝一夕的事，是不断努力的结果。你的健康受三个方面因素的影响：饮食的营养、身体的锻炼和心理的健康。

在饮食上不要偏食，多吃蔬菜和水果；在锻炼身体方面，你最好作个长久的计划，坚持长年的身体锻炼。保持心理健康也是个不断学习和努力的结果。心理若不健康会直接影响身体的健康。不要

总 序

让负面的、消极的和低级的信息进入你的大脑,那会污染你的心灵,降低你的心理健康水平。悲观和消极的信息会使人情绪变坏。坏情绪会使人的免疫力下降,人就容易生病。如果头脑中肮脏的信息进多了,人也容易染上不良的习惯和嗜好。不良的习惯和嗜好会极大地损坏人的身体健康。一旦不小心,头脑中进来了一些不好的信息,你要及时地把它们清扫掉。

4. 恋爱。孩子,在找恋人的事情上,我们不想你有任何条条框框,我们只想提出一些我们的看法供你参考。人与人之间差异很大,每个人都有自己的价值观——简单来说,就是人内心深处最看重的东西或者是最想得到的东西。有的人就想得到钱,只要能有钱,不管用什么手段都行;有的人就想出名,只要能出名,干什么都行。人的性格也各不相同。有人好静,有人好动。由于每个人都生长在不同的家庭中,每个人都受各自家庭背景的影响,所以,每个人的思维方式和行为习惯都不一样。在温馨家庭中长大的孩子爱多善也多;在暴力家庭中育出的孩子仇大恨也深。男人与女人除了生理上有不同外,在情感调控和理性思维方面也不一样。一般来说,男人比较趋向理性,女人比较趋向感性。

人与人之间的这些不同是矛盾的发源地。不同越多,矛盾越多;不同越大,矛盾越大。矛盾是造成爱情不美满的主要因素。为了有一份和谐美满的爱情,男女之间的不同越少、越小就越好。找一个性格相投、人生价值观相同、文化程度相近、家庭背景相似的人,彼此走进对方的心灵,你的爱情路上就会少坎坷、多幸福。

5. 找工作。孩子,在选择工作时,首先要考虑的是兴趣而不是金钱。找一份你愿意干的工作,你才能干好它。只为了钱而工作,你会常常敷衍你的工作。这样的话,你什么也干不好,也就不会做出令人满意的成绩,你的工作也得不到乐趣。如果找一份你喜欢的工作,你就会调动你的才智把它干好,你也就获得了一份成功

帮助孩子发展思维

的喜悦和满足。

孩子，我们会尽我们最大的智力、体力和精力去呵护和培养你。我们不但希望你有一个美好快乐的童年，还希望你有愉快幸福的一生。我们是平常人，我们的能力和智慧是有限的。在我们关照和教育你的过程中，肯定犯了不少的错误。我们有脾气，有时还很固执、很死板。我们肯定有很多照顾不到你的地方。我们有时也会坚持我们认为是正确的事情，也许在感情上伤到了你，我们请你原谅。只要你觉得在感情上我们有伤到你的地方，那一定是我们做错的地方，我们向你道歉。

孩子，我们万分地感谢你降生到我们家。我们一生中最大的幸运和幸福就是有了你。你丰富了我们人生旅程中的风景和感受，你使我们明白来世上这一回太值了。你给我们的远远超过我们所能给你的很多很多倍，我们会每天从心底里感谢你。

永远爱你、支持你的人：你的爸爸妈妈

掩卷深思，心中的共鸣与感慨良多。

孩子是父母最宠爱的宝贝。孩子的第一声啼哭或许是初为人父母听到的最让人兴奋、最让人激动，也最让人爱怜的天籁之音。孩子咿呀学语地第一次叫出"妈妈"、"爸爸"会让每一对父母顿时感受到无限的亲情与柔情。孩子第一次完整地表达出自己的想法与意思，会让爸爸妈妈们对从此可以直接洞察孩子的心灵感到无限的欣喜与期待。孩子第一次以充满感恩的心给爸爸妈妈倒上一杯水或用小手捶捶父母正酸痛着的肩背，会让每一位父母从心底生起幸福与安慰……孩子在成长过程中带给父母的许许多多的第一次，会串联成一组平淡而欢快的生活乐章！

孩子也是父母一生的牵挂。当孩子还在妈妈腹中生长发育时，

总 序

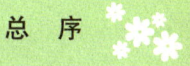

父母就开始牵挂孩子的健康；当看到孩子出生头发还不是很密，家长就开始牵挂孩子长大一点，头发会不会长得浓密一些；当看到孩子一岁了牙齿还没有长全，家长就开始牵挂孩子是不是营养不良；当察觉到孩子很胆小而不敢和陌生的小朋友一起玩儿时，家长又会担心这会不会影响孩子的社会交往；当孩子慢慢长大，家长又开始下决心不能让孩子的教育输在起跑线；当孩子从幼儿园到读到大学，家长又开始牵挂他们将来的工作是不是理想；当孩子开始自食其力走上工作岗位，家长便开始牵挂他们的恋爱与婚姻；当昔日的孩子也为人父母时，家长则又开始牵挂起他们孩子的新一轮循环……父母真的好伟大，父母真的很辛苦！

孩子对于我们来说是如此重要，那么如何能教育好孩子呢？除了在生活中更多地关爱孩子外，最重要的是要同孩子一起成长。而这套"陪孩子成长系列丛书"，就是为孩子家长、学校教师以及关心孩子的教育人士专门打造的一套教育宝典。从中您可以汲取育儿的智慧、体验优质教育带来的显著成效，还可以体悟如何做一位好家长或好老师。

在此，我们衷心感谢中国人民大学出版社的王雪颖老师以职业的眼光和市场的敏锐跟我们预约了这样一个非常有意义的翻译合作项目！同时还要衷心感谢各位译者在繁忙的教学科研之余，保持高度的合作热情，远离浮躁与功利，安心于书斋，孜孜不倦于教育智慧的传递！

最后，真诚地希望"陪孩子成长系列丛书"让各位读者开卷有益。

胡庆芳　程可拉
2014 年 10 月

独立性教育要求年轻人提早习惯于考虑做事的分寸并给出理由。

——黑格尔（1770—1831）

目　录

前言 ·· 1
哲学探究课程表 ··· 3

第一部分　与孩子一起探究哲学的艺术

介绍 ·· 3
你能两次踏入同一条河流吗？ ··· 9
哲学探究技巧："如果化" ··· 13
如何进行哲学探究？ ·· 19
探究策略 ··· 37

第二部分　最受孩子欢迎的哲学探究课程

椅子 ·· 59
蚂蚁的生命意义 ··· 69
你能两次踏入同一条河流吗？ ··· 75
共和岛 ··· 83
古阿斯的指环 ·· 93
王子与猪 ··· 101

帮助孩子发展思维

忒修斯的船 …………………………………… 109
快乐的囚徒 …………………………………… 117
金手指 ………………………………………… 123
青蛙与蝎子 …………………………………… 133
古怪小店 ……………………………………… 141
金字塔的影子 ………………………………… 149
比利啪啪 ……………………………………… 161
思考虚无 ……………………………………… 171
另一个星球上的你 …………………………… 177
西比系列故事 ………………………………… 183
西比系列故事：朋友 ………………………… 185
西比系列故事：托尼的测试 ………………… 193
西比系列故事：盗窃案 ……………………… 201
西比系列故事：安卓（Android，人形） … 211
西比系列故事：谎言 ………………………… 217
西比系列故事：重建 ………………………… 225
西比系列故事：终于成人了？ ……………… 231
"永远"的尽头 ………………………………… 235
你在哪里？ …………………………………… 241
无限填充：形而上学之趣 …………………… 247

术语表 ………………………………………… 254
参考文献 ……………………………………… 258
有用网站 ……………………………………… 259

前 言

本书的属性可谓模糊，我曾反复思考它应该属于教学法还是教学资源，最终确定它具有二者的双重特征。在你运用本书之前，容我做些说明。你在耗费宝贵时间琢磨书中理论与文本时，会发现它既保留了亚里士多德所倡导的"基本特征"，又竭力避免落入教学方法的窠臼。基于此种考虑，我力求在设计每一课时，另用文本框来介绍各种技能与技巧，以方便你的使用。本书的形成离不开我所教孩子的高度协作。是他们敏锐的分析能力，助我磨砺了某些设计。例如，在"王子与猪"中，最初王子的愿望是："我希望我是一头猪，那么我就会幸福了。"一个7岁的孩子指出："只是成为一头猪，并不能意味着他就会幸福。"换华丽一点的辞藻表述，就是"拥有猪的属性，并不一定意味着感到幸福"。孩子的精彩评述，让我把王子的愿望重新修订为"我希望我是一头幸福的猪"。这样的例子不胜枚举，孩子们俨然成了我的义务校对员。虽然本书中难免还存在没被他们发现的同类错误，但这些真知灼见，足以说明孩子们能在思维方面走得很远。

进行哲学探究及由此产生的思考，让人犹如走进一个迷宫。在书中，我多次运用一个比喻来阐述你所承担的促进者角色。古希腊

帮助孩子发展思维

神话《忒修斯和弥诺陶洛斯》写道,阿里阿德涅公主用提供线团的方法,帮助忒修斯打败牛头人身怪并顺利逃离迷宫。这一故事暗示了作为促进者的你要具备两大重要特征:第一,虽然迷宫错综复杂,但阿里阿德涅能让忒修斯找到路径;第二,虽然阿里阿德涅提供给了工具让忒修斯在迷宫寻找出路,但她并未现形。"导航"与"隐形"是促进者的两个主旋律,阅读本书时,请务必牢记在心。要时时反思:"我是否在讨论中说得太多了?""孩子们知道他们讨论到哪儿了吗?""我该如何暗中导航,让他们理解得更加透彻呢?"注意:如果孩子们知道你的头脑里在想什么,或你在告诉他们该如何思考,你就需要改弦易辙了。若真如此,我建议你听取书中提及的两个女人①(太少了,伤心啊)之一的意见。

---

① "两个女人"是指阿里阿德涅公主和"比利啪啪"中的老妇人。——译注

哲学探究课程表

星级难度

* 易
** 中等
*** 难

此处星级难度是用来标注课程的难易程度，并不是按年龄层次进行编排。例如，"西比系列故事"适合7岁及以上儿童，但其中一些课程难度很大。你自己清晰与否是应对难度较大课程的关键。要确保自己熟悉课程并理解它们。不要惧怕让孩子使用难度大的课程，你会经常发现孩子们的表现出乎你的意料。

课程题目	主题	页码	年龄	星级难度
椅子	物体及其意义 感知力 观点 称呼与指代	59	≥7	**

帮助孩子发展思维

续前表

课程题目	主题	页码	年龄	星级难度
蚂蚁的生命意义	目标与设想 存在主义 神与宗教 价值	69	≥9	**
你能两次踏入同一条河流吗？	变化 论证 同一性 必要条件与充分条件 河流与水循环	75	≥8	*
共和岛	群体决策 政治 公平 规矩 社会 公民权 岛屿	83	≥7	*
古阿斯的指环	权力 行善 道德责任	93	≥8	**
王子与猪	幸福 价值 观点 动物	101	5～11	*
忒修斯的船	同一性 人格同一性 变化	109	≥9	**
快乐的囚徒	自由 意志自由 道德责任	117	≥9	**

续前表

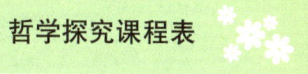

课程题目	主题	页码	年龄	星级难度
金手指	语言 意义 准确与精确 幸福 愿望	123	5~9	*
青蛙与蝎子	天性与教养 自由意志 选择 道德责任 利己主义 自我控制 意志的软弱性	133	所有孩子	*
古怪小店	未来 自我 选择 自由意志	141	≥10	**
金字塔的影子	论证 智慧 疑难解析 诡辩术	149	≥9	**
比利啪啪	自我控制 情感 信念 幸福	161	≥6	*
思考虚无	存在 语言 参照物 意义 数字 数学 古希腊	171	≥8	**

帮助孩子发展思维

续前表

课程题目	主题	页码	年龄	星级难度
另一个星球上的你	人格同一性 同一性 人性	177	≥10	***
西比系列故事：朋友	友谊 关系 移情	185	≥7	*
西比系列故事：托尼的测试	人工智能 计算机 思考 语言	193	≥7	**
西比系列故事：盗窃案	责任 知晓 历史 选择	201	≥7	***
西比系列故事：安卓（Android，人形）	成为人类 类比 人格同一性	211	≥7	*
西比系列故事：谎言	两难境地 决策 价值 友谊 撒谎	217	≥7	***
西比系列故事：重建	变化 人格同一性 材料	225	≥7	**
西比系列故事：终于成人了？	成为人类 类比 人格同一性 自我认同	231	≥7	**

哲学探究课程表

续前表

课程题目	主题	页码	年龄	星级难度
"永远"的尽头	论证 无穷大	235	≥7	**
你在哪里？	人格同一性 我是谁？ 头脑和大脑	241	≥8	**
无限填充：形而上学之趣	材料 科学	247	≥8	***

第一部分
与孩子一起探究哲学的艺术

介 绍

帮助孩子发展思维

本书为谁而写？

本书为你同孩子们一起锤炼批判性思维提供了教学资源，可在学校、团体或其他场合使用。书里所有的材料均是对我近十年来与5～13岁孩子一起探究**哲学**（你可在书后"术语表"中找到黑体字的有关简介）的经验的收集整理，适合此年龄段及具有同等能力的孩子使用。如果你以前从未研究过哲学，请注意，本书及其"在线支持"都已提供了相关哲学内容的入门介绍，以便你形成基本的哲学意识，提高自信度，从而在哲学探究中收获更多。本书的另一个目标是对作为学科课程的哲学做一次通识介绍，希望能借此点燃你学习与阅读哲学的兴趣火花。

哲学有一个令人兴奋的优势，那就是孩子们无须熟悉它便可进行探究。但有意识地围绕本书所提供的哲学主题与辩论进行探究，将更有益于促进哲学讨论。它将帮助你鼓励或辨识来自孩子的哲学顿悟，而孩子们的顿悟又会协助你掌舵领航，向着哲学方向前行。你必须清楚地认识到，哲学不仅仅是围坐在一起交谈并分享观点，更是对某些话题的思考（见"术语表"中的"哲学"），但哲学的思维实践适用于几乎任何一门课程。我在本书每课的开篇都对本课所蕴含的哲学思想进行了简单介绍，在结尾介绍了可从"有用网站"上获取的有用信息。

请记住，从本书及其线上支持网站中所获取的哲学信息不可直接教给孩子。它们只是用来拓展你的哲学意识，帮助你促进教育。换句话说，它们是用来帮你发现课程中的哲学思想并恰当地引领讨论。从这一点来讲，当你阅读此书，开始与孩子们探讨哲学时，你就不再是你，而是"好奇的促进者"。也就是说你同孩子们一样对

介 绍

所讨论的观点充满了好奇，并竭尽全力去帮助孩子们探索，但你不再是常规生活中的你，不可以表达自己的看法。

当你定期与孩子们一起探究哲学并熟悉书中的探究方法与策略，你会发现它将给你的日常教育带来冲击与启迪。随着孩子们那些可迁移技能（如说、听、推理、质疑、自主学习、批判性思考以及创造性思考等）的发展，这一切将会发生。探究策略还会帮你增强自信，提高提问技巧与谈话技巧，与孩子缔造合作团结的关系，创设积极的学习与探究气氛。这些都是培养孩子成为独立的学习者的重要发展区。

本书如何构成？

本书由两个部分构成，其线上支持网站为：http://education.worley.continuumbooks.com。

第一部分为"与孩子一起探究哲学的艺术"。它先介绍了孩子们需要了解的哲学主题，列举了**哲学探究**的方法，接下来是详尽易懂的教学探究策略清单。这些策略适合任何教育场合，可发展质疑技巧，拓宽思路，引导孩子们批判性地看待学习材料与反馈合作伙伴，从而更深入地思考问题。

第二部分为"最受孩子欢迎的哲学探究课程"，由 25 节包含不同哲学主题的课程组成。每节课的时间设计为 1 小时，你可以根据问题和探究所引发的讨论，决定是否需要拓展成几节课。某些课，如"椅子""共和岛""比利啪啪""金字塔的影子"等，教学设计都超过一个课时。遇到这种情况时，课程开篇都会有清楚的说明。每课都包含一系列的文本框，以便你留意不同的特征，包括"探究策略""哲学""提示与技巧""拓展活动""相关课程"，你可通过下列图标快速甄别。

帮助孩子发展思维

探究策略

哲学

提示与技巧

拓展活动

相关课程

本书的"支持网站"收录了书中所列关键术语的综合解释、课程训练以及可让孩子们达到的哲学学能标准的大纲清单和一个哲学探究样板课。样板课附有课程促进和发言管理方法的描述，让你对如何使用它们有个整体的了解。本书插图均可下载，以作为课程引子的视觉辅助材料。你还可以找到书中标明的精选论证，它们同样可以下载。此外，网站还对启发课程设计的相关哲学思想做了介绍。这些"哲学情报"包括以下内容：

- 哲学家与主题：哲学家与课程后的主题。
- 生平：哲学家生平简介。
- 主要观点：哲学家的主要观点简介。
- 主要著作：最著名著作或与主题相关的著作参考文献。有兴趣的读者可借此进行深入阅读。
- 有用格言：来自第一手资料的简短话语，可概括哲学家对相关主题的观点。
- 相关：关于哲学家及其观点的简短探讨。

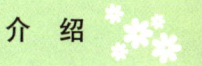

● 大脑营养品：本部分的设计是让读者对哲学家的观点进行思考与进一步地探讨。请与朋友分享，并对这些观点进行适当取舍。

如何使用本书？

使用本书前，请仔细阅读第一部分。本书第二部分是供你和孩子探讨的话题，你可按照个人喜好打乱顺序。但建议不要拆分使用"西比系列故事"，因为它有别于其他故事，有一个连续的叙述顺序，而且许多背景信息没有在每个单独故事中给出。在本书的开篇有一个快速检索表——"哲学探究课程表"，包括课程题目、适用儿童的年龄、课程的星级难度。接下来是样板课，为你详细地介绍了一课中各种不同的组成部分。

你能两次踏入同一条河流吗?

帮助孩子发展思维

> 先是标题；接着指出本课适合哪个年龄段的儿童以及星级难度；然后是课程涉及的主题清单。

合适8岁及以上儿童
星级难度：*

主　题

变化
论证
同一性
……

> 接着是本课蕴含或可能凸显的哲学主题、热点和话题介绍。

本课哲学

这是最著名的哲学问题之一，据说最早由以弗所（Ephesus）[①]的赫拉克利特（Heraclitus）提出……

> 然后是**"引子"**，继之以一个或多个**"任务问题"**。提问前，你必须知晓作为促进者要注意哪些问题，如何进行引导，以及它们的设计是基于对孩子的何种期望。

[①] 古希腊小亚细亚西岸的一个重要贸易城市。——译注

你能两次踏入同一条河流吗？

引　子

蒂米和蒂娜跟父母到河边野餐。他们在堤岸边踩着河水，挥舞着渔网捞蝌蚪……

任务问题一：为什么蒂娜认为它是一条不同的河流，你能说说吗？

在**交谈时间**里，让孩子们两两对话，看看他们想些什么。如果他们不能答出赫拉克利特式的见解——"不是同一条河流，因为河水在不停流动"——你就拿出两个主角中的某个论点，以激发这一答案……

> 接下来的文本框分别是"探究策略""提示与技巧""哲学"或"拓展活动"。本书前面的"探究策略"部分对相关探究策略只做了大概介绍，现在则可以在具体语境中进行详细说明，从而给出如何使用该策略的详细例子。

探究策略：必要条件与充分条件

接下来的方法之一是跟孩子们一起探讨河流的构成条件。运用"必要条件与充分条件"策略，来探讨"什么是河流"。把"河流"二字写在展示板上，让孩子们列举河流的必备特征……

帮助孩子发展思维

> 课程开篇所介绍的哲学由"支持网站"进行了补充。课程结尾将引导你进一步在线阅读一系列与本课相关的哲学主题。

在线支持

主要哲学
赫拉克利特与变化（Heraclitus and Change）

相关哲学
贝克莱与唯心主义（Berkeley and Idealism）
霍布斯与唯物主义（Hobbes and Materialism）
莱布尼茨与同一性（Leibniz and Identity）
……

> 最后列出的是有共同哲学主题的相关课程，以方便对贯穿本书全程的阿里阿德涅之线进行查阅。

相关课程

椅子
忒修斯的船
……

哲学探究课程不一定非要按照本书所描绘的程序展开。我只是希望借此分享我在与孩子探究时曾出现的心得与疑难，并通过课程使用说明来分享探究策略。

哲学探究技巧："如果化"

帮助孩子发展思维

"如果化"

我的"如果化"方法（就是把一个问题或句子重组成"如果……那么……"的形式）是本书的中心思想，并在多个探究策略中隐性呈现。请比较下面同一问题的两种版本：

1. 吃肉是没问题的，为什么我们不吃自己的宠物？
2. 如果吃肉是没问题的，那么为什么我们不吃自己的宠物？

第二句话用了条件句的形式（如果……那么……），以此避开有争议的事实，接上哲学性或概念性的趣味材料。这样一来，个体认为是否可以吃肉就无关紧要，它只是请我们假设吃肉没问题，以便于思考接下来会发生什么。这种方法无须人人同意可以吃肉，只是姑且如此假设，让讨论得以继续。

"如果化"是一种**假设性思维**，要求我们去假设一个很可能并非如此的事实，然后思考它究竟意味着什么。假设性思维还清晰地说明，哲学不仅是逻辑性思维而且是想象性思维。我把促进孩子们学习哲学的方法总结为"如果化艺术"培养法。

假设性思维活动是哲学整体活动的基本部分。科学以事实检验假设，哲学则以概念检验假设。换句话说，科学问："如此这般是真的吗？"哲学则问："如此这般讲得通吗？"而提问的关键就是使用假设句。

假设性思维是辨认我所谓"哲学学能"的重要标准之一。你可从"支持网站"中找到带有真实课例的儿童"哲学学能清单"（Philosophical Aptitude List）（虽然不一定详尽），它提供了基本的标准，供你辨认哪些儿童已经具有哲学学能，并指明他们可企及

14

哲学探究技巧："如果化"

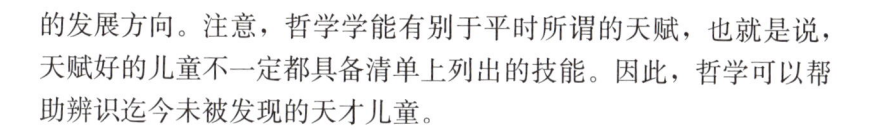

的发展方向。注意，哲学学能有别于平时所谓的天赋，也就是说，天赋好的儿童不一定都具备清单上列出的技能。因此，哲学可以帮助辨识迄今未被发现的天才儿童。

哲学如何提高批判性思维能力？

研究表明，经常进行哲学探究，可提高问题解决技巧、认知能力、批判性推理能力、自信心和交际能力，还能养成方案取舍能力和决策制定能力（East Renfrewshire Psychological Service，2006；Dundee University，2007）。杜威大学的研究表明，它还可以提高儿童智商6.5分。除了这些常见的益处，我还想说说自己的思考，谈谈为什么让孩子进行哲学探究。

> 在哲学中，有时没有答案，有时答案连篇累牍，你都不知道选择哪个才好。
>
> ——刘易舍姆学区约翰-波尔小学六年级学生

人们常说哲学的好处就是答案无所谓对错，故永不会犯错。我认为"永不犯错"这一观点并不准确：人们会误解他人的论证，说自相矛盾的话，或给出**错误论证**。如果你告诉孩子们存在正确的答案，并在他们提供所谓正确答案时给予奖励，那是极其错误的；更不必说哲学如此之复杂，很难决定哪一个是所谓的正确答案。因此，我们需要做的就是提供一个平台，让孩子们自己去探索、去犯错，并自我纠正错误，而不是在一边喋喋不休地说他们错了。解决这一困难的关键是自我评价和自主思考，它们是哲学探究的两大武器。首先，不是你来决定思维是否正确，而是由孩子们按照自己听到或想到的最好论证思路去决定正误，得出结论，并获得这一结论

15

帮助孩子发展思维

可能会随着时间的变化而变化的意识。孩子们因此学习如何对自己的解决方案进行评价，而不是依靠来自你的"正确"答案。同时，孩子们也不会因表述有可取之处而沾沾自喜地以为自己所说的一切都正确。

"正道"与"我的地图"

哲学的状况就是如此，问题不是你会不会犯错，而是你很难正确。哲学的问题常常是别的学科（科学、宗教等）没能回答的问题——倒不一定是因为其他科目在这些问题上栽了跟头，而是它们无力回答的问题才是典型的哲学问题，才留给了哲学领域。尽管如此，哲学运用了辩论与推理，所以我们需要识别"好的推理"与"坏的推理"。从这一意义上讲，人们可能会犯错。哲学没有英语、数学等其他学科可视为"正确答案"的标准，它重点强调的是思维的过程而不是结果。因此，即使哲学推理没有定论，说"思考过程不可能犯错"却是误入歧途。人们不见得能解决难题，但可能自相矛盾或做出错误论证。

哲学探究技巧:"如果化"

🌙 自主思维

哲学探究是"自主思维"的完美场所,它让孩子们既能自主思索,又有犯错不受责备的豁免权。这就意味着你要顶住诱惑,不要去讲解自认为正确的答案。你不能好为人师的另一个原因是这些所谓"正确答案"本身就具有等待合理批评的开放性,在哲学领域尤其如此。对作为促进者的你来说,保持缄默虽然不大合适,但至少要少开金口。

🌙 自我评价

如何甄别和评价答案而不是如何获得正确答案,这是一种非常重要的技能。许多孩子想在课程结束时知道答案,但在处理本书所罗列的问题时,如果你说出你认为的正确答案,很可能会得不到孩子们毫无异议的赞同。出现这样的情况时,可以让辩论继续进行。一旦孩子们有了评价答案的能力,当你再提供答案时,孩子们就会对你的答案进行评估。人无完人,书本也会有印刷错误。

> 当讨论不可避免地出现"答案是什么"的疑问时,下列关于"正确与错误答案"的样板问题,可供你和孩子们讨论使用。
>
> ● 如果我告诉你所谓的答案,你会被迫同意吗?
>
> ● 如果我或书本告诉你正确的答案,你怎么知道答案是正确的呢?
>
> 想象下面的场景:
>
> 你问两个孩子:"二加二等于几?"第一个孩子回答说四。问他为什么是四,他回答:"四是我的幸运号码。"第二个孩子回答

17

帮助孩子发展思维

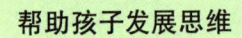

说五。问她为什么，她解释说她数了手指头，结果却出现计算错误。

　　问：谁给出了更好的答案？为什么？

如何进行哲学探究？

帮助孩子发展思维

哲学探究为你提供了一种带孩子们学习哲学的方法，包括哲学活动的一些重要特征（见"支持网站"上的"哲学学能清单"）。跟其他学习哲学的方法一样，它重点强调让孩子们自己进行哲理推究。这就意味着孩子们要在探究实践中学习，或积极参与到思维过程中，这是哲学作为一门学科的典型特征。此外，孩子们还将批判性地学习某些哲学家的观点，了解一些哲学历史。哲学探究中的促进技巧、组织发言和探究策略等的充分发展可激励哲学性思维，并把这种思维同其他讨论方法（如"圆圈时间"）区分开来。哲学探究还使用了一种叫**"思想实验"**的哲学技巧。

什么是思想实验？如何设立批判性思维平台？

基于**约翰·杜威**的教育原则，人们普遍达成共识，跟孩子们一起探讨哲学必须是在民主的氛围下，让他们围绕着故事或引子来选择问题进行探究。"故事"是用来引出问题的，跟"思想实验"有区别。不同的问题选择途径会不可避免地导致不同结果，理解这一点尤其重要。

孩子们对故事的反馈可能会五花八门，有的会进行哲学上的思索，有的会出现情感上的共鸣，不一而足。然而，思想实验的设计本是为了引导一种特殊途径的思索，科学家和哲学家用它们来检验一个理论或观点的含义，以及相关**概念**的启示与局限。下面是思想实验的一个例子，它叙述简洁，毫无修饰，并附有问题。

> 假设汤姆发现他曾是一个叫杰夫的人。杰夫品行不端，做尽了坏事。后来，一场手术切除了他的记忆，并给他移植了一个完全不同类型的人的虚拟记忆，这个人就是心地善良、遵纪守法的

如何进行哲学探究？

> 好公民汤姆。
> - 你认为这个人是谁：汤姆还是杰夫？
> - 汤姆是否应该对杰夫的一切罪孽负道德上的责任？

设计本思想实验的初衷是检验人们关于特定问题的概念直觉。它让人思索我们是如何认识自我的，记忆在我们的自我认识中又扮演了什么角色。

本书中的许多故事是受哲学中的经典思想实验启发而成的，因此在设置任务问题时，我选择指令性较强的任务问题，避免民主选题，力求到达预设好的思想实验哲学论坛。同时，我坚信，批判性思维平台的建立可保障以儿童为中心的思辨途径。换句话说，我们应该跟上孩子，从他们身上发现问题和探究路径，让哲学讨论不断前进（见"术语表"中的"**紧急问题**"）。

座位安排

一般说来，孩子们在讨论时，最好是坐成圆形、椭圆形或马蹄形，可以看见彼此。这样坐有利于提高讨论中的**对话**效率。我倾向于取马蹄形而舍圆形，它方便你在需要时接近展示板，而展示板是帮助孩子们理解的基本视觉助手。

在本书中，我多次建议使用示意图来帮助孩子们理解目标，展示板是必备之物，要方便促进者才好。从学习方式来看，听故事是听觉型学习，示意图就是为理解加入视觉型成分。若有可能，请把示意图和概念图复制下来。如果你使用的是交互式白板，可以把示意图另存在"哲学"或"探究"文件夹中，这样可在接下来几周的持续讨论中派上用场。我还会使用发言球，让孩子们一眼就可以看

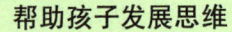

出该轮到谁发言。作为教具的发言球要柔软无弹性，尽量让孩子们少分心。等孩子们熟练掌握了哲学探讨方法，就可省略这一环节，但你需要知道具体操作方法（见"组织发言"中的"自我管理"）。

发言球

座位形式：如果你是教师，你会发现让学生成圆形或马蹄形围坐颇为不便，因为它意味着为一节课而重新编排整个教室里的座位。我的一位哲学同伴也是教师，他解决了这一问题，并提高了班级整体的学习质量（他的原话），方法就是把孩子们的座位永久安排成马蹄形，包括课桌。他说这样可让他在所有的教学中都用上探究模式。这种方法带来讨论质量的显著提升，让移动整个教室教具的麻烦显得微不足道。

哲学探究模式

为方便你与孩子一起探究，我的设计提供了详尽的大纲。不过，基本的哲学探究模式如下：

如何进行哲学探究？

步骤1：首先，你要朗读课程中的相关段落，提供"**引子**"。

步骤2：必要时，执行"**首次思考**"、"**交谈时间**"、"**理解时间**"三个程序。给孩子一些不受打扰的思索时间——围绕着故事，进行彼此交谈、质疑，或说说对故事的所思所感。接着给孩子们留出分享时间，允许其他孩子回答任何问题。这些活动均有益于理解即将进行的探究活动，也是你找到一个紧急任务问题的好时候。

步骤3：设置**任务问题**，并把它写在展示板上，供孩子们阅读。

步骤4：给孩子们一个**交谈时间**（2～5分钟），让他们围绕任务问题两两交谈或小组讨论。你可以利用此时机，参与某些小组的讨论，虽然不可能参与到每一个小组中。

步骤5：让孩子们在**探究**中与大家分享他们的观点。此时的小组合作探究氛围可让孩子们形成和发展自己的观点。探究期间交谈时间的运用，可让孩子跟上学习节拍，并合理宣泄自己的能量（如何引导与控制探究，见下文"促进"和"组织发言"）。

步骤6：若有更多的任务问题，请重复步骤3至步骤5。有时你会发现，讨论过程中会凸显一个合适的任务问题。

这是基本模式。你会注意到，基于种种原因，许多课程并没有遵循这一模式。一些课程就没有"首次思考"，因为此时需要精心准备"任务问题"来推动课程立即进入哲学探究阶段；另一些课程可能不需要"理解时间"，比如说"椅子"。

引　子

课里的引子大都以故事的形式呈现，但某些课的引子是对话形式，如"无限填充：形而上学之趣"；在另外一些课中，它是活动

帮助孩子发展思维

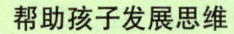

的形式，如"共和岛"。你可以照着故事朗读，也可能发现某些书面语跟上课儿童的年龄不符。此刻你可以稍作简化，用常见词代替生僻词（如用"边缘"代替"周界"，用"绿油油"代替"葱茏"），或干脆删除一些不必要的修饰词（如乏善可陈、阴森）。我自己则喜欢用生僻词并鼓励孩子们运用，以培养他们通过上下文猜词的能力。如果我感到某些生僻词可能影响孩子们对故事的理解，就快速解释一下。除了偶尔可省略一些描述性的词，坚持遵循书面文本很重要，因为它很可能是有意为之以精心设计情节结构和场景布置，对哲学热点准确定位（见前文"什么是思想实验？如何设立批判性思维平台？"）。

◐ 理解时间

故事有了，最好花点时间进行理解。一个发人深省的故事讲完之后（如"西比系列故事：谎言"和"另一个星球上的你"），可给孩子们一些"理解时间"。有时你甚至想把它们读两次，虽然通常没什么必要。给孩子们设置的第一个任务可以是大家一起把故事重述一遍。让第一个孩子讲述他所记得的一切，你也可打断并请其他人补充。这样做很重要，否则耗时太多会让孩子们失去兴趣。几轮发言之后，大家就对整个故事有了充分的理解。有时，理解时间之后，讨论就自然而然地出现了。若没有出现，则拿出准备好的任务问题，继续你的探究程序。

◐ 示意图

有时候在探究之前使用示意图，可增进孩子们的理解。我在需要使用示意图的地方给出了样板。当你给孩子们解释情景时，绘制示意图是让孩子们跟上复杂讲解的最佳途径（见"西比系列故事：谎言"）。如果你只是直接拿出一张绘好的示意图，有可能对孩子不起任何作用。听故事主要是听觉型学习，而示意图可加入视觉性成分。

视觉型　　　听觉型　　　运动型

视觉型、听觉型、运动型

促 进

朗读课文并给孩子们提供引子，这只是成功课程的起点。成功在极大程度上靠你的促进技巧。在书中教授这些技巧是困难的，但有一些原则可帮你保持路线正确，请往下阅读。如果你希望得到深入的训练，请参考本书结尾处的"有用网站"，以获取更多信息。

追问

多问澄清性问题，如："你能说多点儿吗？""你说的某某意思是……？""你能换句话解释一下吗？"……孩子们常常会花时间再次表述，而你则要负责让他们这样做，而不是往他们嘴里填词。

帮助孩子发展思维

"侍者之道"

抵制诱惑，不要说出你的想法。曾有一位朋友对我说，进行探究时，要克制自己不发表看法，这对她来说困难之极。我告诉她："这不仅仅是你一个人的困难，它是大家的困难。"进行哲学探究就是锻炼自我克制。当你成为促进者，个体的你便不复存在。你要用具体的方法如角色扮演或角力展示等来挑战孩子，但不可亲自应战。当你忍不住发表看法，原因就会清楚地显露——一旦你陈述了自己的观点，很多孩子就会把这一观点看成是"正确的答案"（到目前为止，他们在学校受到的就是这种训练），就会当你的应声虫。如此一来，原本在哲学探究时正常可见的多样化意见就会消失殆尽。如果探究时间紧接着交谈时间，你就会发现孩子们说的是："你说过……"（或其他同样效果的话）它表明你已在交谈时间中过多表述了自己的看法。我把这一过程称为"自我侦探"。一名好的促进者，要像侍者一样"在场又隐藏"：在场的是促进技巧，隐藏的是自我。

思考的时间与空间

提问要清晰，一次只提一个问题，并给孩子足够时间去酝酿反馈。为什么要这样做呢？打个比喻，当你拿起一本诗集随意阅读，常会发现刚读时简直不明白读了什么。你要停一停，想一想，再重读某些段落。你需要"沉浸下去"，让意象有充足的时间在大脑中慢慢形成。处理一首诗要让大脑辛苦好几天。有些孩子思维迅速，但更多的孩子则需要时间去形成观点，再需要更多的时间去表述出来。一些朋友在观察我上课时，给出的反馈之一就是他们意识到提问后要给孩子时间进行思考。我建议你在问和答之间至少要留出三秒钟，我个人有

如何进行哲学探究？

时会等上一分钟。给孩子们时间，让他们思考。偶尔，孩子们可能需要一点儿小小的促进。他们常常会羞于承认忘了思考的内容，就静坐在那里假装思考，其实没有思考。这时可以用拉回策略等方法（见"椅子"和"探究策略"）来提醒孩子正在提问的是什么。

回音策略

必要时，要用回音策略对孩子们的观点进行回应，并尽量使用他们的原话。回音不同于复述，因为复述时用词会发生变化。当你使用回音策略时，别说"你是在说……"之类的话，而是用一个问题"你是在说……吗"来进行。要抱着开放的态度，让孩子们来纠正你。很多时候，特别是跟幼儿上课时，你不得不使用回音策略——因为他们说话声音小得别人听不见！你也可使用回音策略让一个观点在组内呈现，或链接观点，或进行观点对照。

记忆

尽量记住何人在某时说了某话。若想让整个团体能够参考彼此的看法，并在后期建立各自的观点，你必须知道某个看法出自何人之口，这是基本条件。

脑海绘图

探究过程中你要在脑海画图，把各种观点进行定位。一旦你记住了某人说了某话，你就要有把各种观点相关联的能力，这样才能让孩子们在需要之时彼此驳斥，让讨论向哲学化进展（见"回音策略"）。

链接

把孩子们的意见与观点链接起来。有时候，孩子们能自发、出

帮助孩子发展思维

色地链接他们的观点，其他时候则需要你让一些链接显性化，如链接相似并互为敌对的观点："这么说，你怎么看待爱丽丝先前说的……观点？"（见后文"角力展示"）

充分准备

准备好备用的任务问题、**嵌套问题**和其他活动。经验会告诉你讨论会走向何处，路径会是什么。本书中的课程均包含一系列的嵌套问题，你还可以想出更多，要记录下来哦。

促进

问问自己："还有其他途径让我探明孩子想表达什么吗？"当孩子发言时，他们只是表达了思维过程中的结尾部分。作为促进者，你应该善于诱导出更多的东西，去探明他们为什么要这样表述。不要强行去做，要温和。因此，当你诱导性地提问之后，孩子们看起来不能提供更多的东西，就此打住，你可在后来随时杀个回马枪。

> **促进原则**
>
> 哲学探究课程中有一些基本的促进原则，让孩子们彼此信任，礼貌辩论。
>
> - 谨记要用提问的方式来回答学生向你提出的问题，例如："谁能回答这个问题？"或"你是怎么看待这个问题的？"你要假装无知，让讨论继续进行。这一原则就是**苏格拉底式反讽**。
> - 永远别让孩子们感到自己说话不当。
> - 当你认为孩子们错了，别告诉他们。相反，以提问促使他们再次思考自己的立场，更好的做法是促使其他孩子去思考。

- 尽可能让孩子们相互反驳，这会比你亲自反驳效果更佳。只要给机会，你会发现孩子们做起来的效果相当好。
- 建立一个相互尊重的环境，让大家不惧怕发言，并能礼貌地彼此反驳。
- 如果课堂像你希望的那样，朝着一个哲学性或概念性的目标发展，那就好极了。你要抵制诱惑，别径自带领课堂朝着目标走。有时候，孩子们会无法达成你企望的目标，你要接受现实。

组织发言

作为促进者的难题之一便是组织孩子们发言。总有一些人会滔滔不绝，另一些人则沉默不语，还有一些人只在感到不拘束的时候才愿意发言。你的目标是提高发言频率，人人发言，个个贡献智慧；你的另一个目标是提高发言质量，这种提高有可能是深层的哲学领悟，或者是浅层的论据提供，甚至是一个平素安静的孩子的大胆发言。

邀请

邀请每一个孩子发言，让他们知道你对他们的想法与观点很感兴趣。在交谈时间中发现不同的看法，并听取新颖有趣的观点，然后让这些观点把大家带入哲学探究之中。

允许有沉默的参与者

没有发言并不一定意味着孩子没有参与。我不是让你不鼓励孩

帮助孩子发展思维

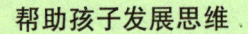

子们发言，只是说别着急。利用交谈时间去发现孩子们的所思所想，你就会知道他们到底有没有参与讨论。

自由展示

给孩子们自由展示的机会，让有话要说的孩子举手发言。这样做可避免不自然，让讨论顺畅。当使用自由展示时，你要尽量公正地选择发言者——也就是说，选择那些还没有发过言的人。

结对前期讨论

在使用自由展示之前，邀请孩子们两两结对或组成小组分享他们的观点常常极为有益，尤其是在组内存在分歧的时候。这样可以揭示分歧，并为余下课程提出引子。

探究中的小型对话

可进一步拓展两两结对背后的观点。邀请在交谈时间里组成小组讨论的孩子们展示他们的自我探究，其余人员在一边观察。这样的活动可持续 1~2 分钟。

举手原则

要立下举手发言的规矩，还要让孩子们懂得当有人在思考或发言时把手放下。在习惯养成之前，要一再重申本规则。一开始就要告诉孩子说，你有时会请他们把手放下。

随意挑选

此处你请孩子们把手放下来，抛一个球过去。事先申明，没话可说或不想发言的人可把球抛回来。这样一来，无须举手，那些沉默者就有了发言良机（对于从来不肯举手的人，这等于给了他们半个机会）。

◐ 发言者的挑选

另一个策略是让手持发言球的人挑选下一个发言者。不过我发现此策略有一个小小的麻烦，他们常会选择自己的朋友，因而惹得别人憎恨，自己也很不安。不过偶尔为之，倒也不妨。我常在下列情形中使用这一策略：

◐ 同伴支持

当发言者变得"胶着"，不能完成余下的思考，我就问他们觉得班上谁能给予支持。

◐ 回答的权力

当某个同学对发言者做出一次评论，我使用本规矩。它可给被评论者一个反馈的机会，或自我辩护，或再次思考。如果孩子们事先知道规矩，就基本上可以接受这种违反发言原则的挑选。它也是一个拓展思考力度的良好途径。你要明确告知孩子们这一重要技巧。

◐ 轮圈制

使用轮圈制，让每个孩子有均衡的发言机会。一圈的轮流可定位成"为某个特定问题或讨论给出答案"。在实施"自由展示"时，轮圈制是最好的补充。

帮助孩子发展思维

◐ 频率检测

课程进行到某个时候（比如在课程结束前或轮流作答时），请还没有发言的孩子或只发言一次的孩子举手，让他们做一轮发言（如果他们愿意）。

◐ 角力展示

一旦你在脑海中辨明并绘制了观点，把它们展示出来，让孩子们彼此挑战（见"促进"部分的"脑海绘图"与"链接"）。你可以多方位使用这种角力来拓展探究。整体说来，它可以提高小组的辩论层次；个体说来，它可让孩子在反驳中提升自己的高度。与此同时，辩论的展开让整个探究变得活泼生动。

◐ 小型辩论

有时，随着角力展示，两个孩子会卷入矛盾冲突之中。只要他们态度温和、彬彬有礼，就让他们互相辩驳一两分钟。这种小型辩论同角力展示一样，可多方面有益于课程的进展。

◐ 反应观察

为了生成辩证，你需要甄别在恰当的时间生成的恰当反应。不可过多为之，它会让大多数孩子置身局外，偶尔进行则很有必要，且回报丰厚。如此，那些急于分享独到观点的人的反应便尽收你眼底。连续几次用上这种方法，有利于深化思维与展示思路。

◐ 交谈时间与小组合作

另一种鼓励发言的策略是"交谈时间"。这是一种完全不同的

如何进行哲学探究？

方法，可让部分孩子发起言来无拘无束。在观察时，你先跟腼腆的孩子交谈，然后向大家介绍他的新颖观点，接着请他补充或"把你对我说过的话，说给大家听"，以此鼓励他们更多地参与到探究中去。"交谈时间"主要是结对进行，但只要人人都在彼此交谈，便不必拘泥于人数。

嗡嗡声

如果孩子们因某个观点而过于激动，在不该交谈的时间讲起话来（我称之为"嗡嗡声"），别试图制止，要建设性地利用这种嘈杂下面的活力，给他们1~2分钟的交谈时间。如果他们过分沉迷于这种观点不能自拔，这恰好是你需要的境界。别把嗡嗡声当成令人不愉快的东西来制止，要去疏导。学习太极时有一个要求，就是巧用对手的力量进行对抗，而不是一味地硬碰硬。当然你不能把孩子们看成对手，你要做的不是压制，而是正面利用他们的活力，给探究添柴加油。

小组活力

我发现讨论过程中主要有两种类型的活力：蜂窝状活力与网状活力。有时，第二种活力能让对某个问题的辩论轻松持续整整一小时。

蜂窝状活力

使用本法时你要严格控制讨论程序，先倾听发言并做出反馈，然后同意其他人的发言请求，才轮到下一轮发言。这种反馈法在一对一之间发生。孩子们好似关在蜂窝中一个个独立的格子间里，你给机会后才能对彼此间的发言做出反馈，这样就关闭了人人发言的大门。情形如下图所示：

帮助孩子发展思维

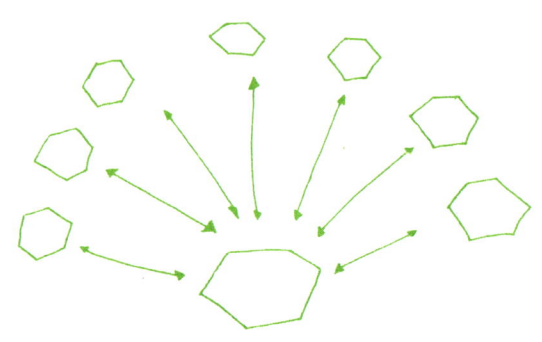

蜂窝状活力

蜂窝状活力不是点燃讨论火花并使之自然前行的最佳方法。事实上，它只能让你辛苦劳累，并以精疲力竭告终。

网状活力

使用本法时发言球必须先抛回给你，准备继续下传，但发言者无须你的批准，也无须等待你的反馈（除了使用回音法与追问法时）。这样便给孩子们自己的反馈留出了空间。作为促进者的你，要寻找时机给出相关的反馈建议，见到某人在某个点上有话要说，便请他立即举手（否则他们会拖到最后才要求举手发言——见上文"反应观察"）。网状活力可为讨论"煽风点火"，让你轻松上阵。如此你只需在火苗上轻轻地吹风，点燃彼此余烬。情形如下图所示：

网状活力

如何进行哲学探究？

有时候，探究会以近似蜂窝状活力开始。这并不一定是什么坏事，因为孩子们可能会有些拘谨，但你一定要结束这种情形，尽快转入网状活力。

自我管理

一种让你从讨论中分身出来的办法就是让孩子们学会自我管理，一个直接的方法就是弃用发言球。我曾让9～11岁的孩子们如此自我管理5～10分钟，具体时间长短要视孩子的心智成熟度而定。孩子们要做到寻找适当的时机插话，其他人会给发言者让位，同时也寻找自己的发言时机。我发现，这种方法依靠小组成员的心智成熟度，也鼓励着心智的成熟，但它有自己的优缺点。例如，充满活力的自信者有更多的发言机会。在小型组内，有你的偶尔指点与督导，效果极佳，但在人数众多时会比较困难。我建议，在大家都熟悉了发言球使用法后，再使用本法。

另有一种抽身法：有人发言时你便坐进小组内，这样一来孩子们就会停止跟你交谈，去回应需要他们反馈的孩子。一旦这种探究形成网状活力，接下来就容易操作了。有时，我会要求发言者对着小组发言，以鼓励这种自我管理的发生。

尝试多种发言方式

所有的发言管理方式都有其优缺点，因而要时时变换管理方式。从"举手"到"不举手"到"自由选择"，都可以一试，但要让孩子们知道，即使被挑选到，也不一定必须发言。你还会发现，座位的流动也很有效，它可让孩子们有机会跟"交谈时间"中没能交谈的孩子坐在一起。如果不影响课堂的进程，你可以让孩子们在每一次"交谈时间"里流动位置，以确保他们每一次都能跟新的同

帮助孩子发展思维

伴交谈。一种办法就是每个偶数位的孩子向前移动两个座位，从而坐在一个新的同伴旁边。记住要时时变换座位，让孩子们与同伴的交谈更自然更容易。如果你担心选择时会无意导致性别偏见，则在选择发言管理方式时严格遵循男孩—女孩—男孩原则。你可把自己的选择原因解释给孩子们听，让他们明白背后的原则（如为何小组里的某些人发言时间长、次数多）。我给出这样的建议，是因为有孩子对我说他们不喜欢我看着他们，却把发言球给了另外的人，觉得我好像不想听他们发言。当你解释过背后的原因，他们就不会再介意了。

"支持网站"上有一节样板课，对以上发言管理方法的使用给出了建议。

探究策略

帮助孩子发展思维

　　探究策略将会帮助你理解哲学所涉及的思维方式：**批判性思维技巧**。在此，本书将为你提供各种策略，以鼓励孩子们用一种更加训练有素、有条不紊的方法去进行思考，而无须明确地教他们批判性思维技巧。这种隐性途径与思维方式将陪伴孩子们一生，因此我更愿意称之为"思维习惯"而不是"思维技巧"。

　　这些传授思维方法的策略均可用于你的日常生活，而不是仅仅局限于哲学探究时。接下来，我将用平实的话语来描述这些策略，但会以课程本身为例，为每种策略提供一个语境。我尽量为这些策略在本书中安排位置，且每课展示一种不同的策略。我建议你在开始课程之前，先阅读这一章节。当你在后面课程中遇到相关策略时，可翻回本章节再次阅读。

　　作为促进者，你应像阿里阿德涅一样保驾护航，
　　帮孩子们走出思维的迷宫

　　在本书中，我运用了来自希腊神话故事《忒修斯和弥诺陶洛

探究策略

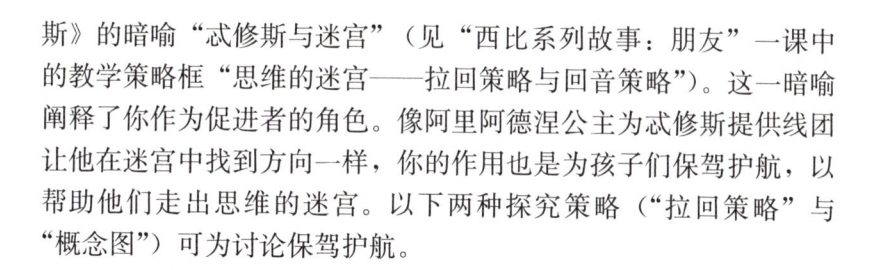

斯》的暗喻"忒修斯与迷宫"（见"西比系列故事：朋友"一课中的教学策略框"思维的迷宫——拉回策略与回音策略"）。这一暗喻阐释了你作为促进者的角色。像阿里阿德涅公主为忒修斯提供线团让他在迷宫中找到方向一样，你的作用也是为孩子们保驾护航，以帮助他们走出思维的迷宫。以下两种探究策略（"拉回策略"与"概念图"）可为讨论保驾护航。

用拉回策略把孩子拉回到观点或问题上来

大学里的学生常被告诫应该问："我答的是某某问题吗？"反馈要注意相关性，相关训练可在教育早期就进行。拉回策略意味着把反馈拉回到任务问题上来。用再次询问任务问题的简单手法便可达到目的，但注意不要驳回人家已经说过的话。因此使用拉回策略时，你用的句式不是"对，但是……"，而是"对，而且……"。不需直白地指出孩子的回答跑了题，只用轻轻把他拉回到任务问题上来。你会发现，这样可让孩子们在寻找答案与任务问题之间建立明晰的相关性。最初的相关性可能是隐性的，或者微妙得令人忽略。拉回策略身手非凡，可纠正非相关性的回答，揭示隐性的相关性。

思维要环环相扣。你可鼓励孩子们找出所说的话与主要问题之间的相关性，以此把他们拉回到主要问题上来。正如我前面指出，这样做有利于揭示隐性相关性。此外，还有一个深层原因：孩子们对任务问题的思考常常就是他们的结论，他们所说的话就是支撑点，或者说"前提"。因此，用拉回策略把他们拉回到任务问题，你所要做的就是要求他们把观点与结论联系起来，如此便形成了一个"论证"（见"金字塔的影子"一课和"支持网站"上的"逻辑

39

三段论")。案例可参考我与一群 10 岁儿童的讨论。当时我们讨论的问题是:"二氧化碳与空气是同一种东西吗?"孩子们做出了多种评述,如"蛋糕中有配料,但配料不是蛋糕"或"如果我们只是吸入二氧化碳,我们就会死去"。我用拉回策略提醒他们回到任务问题上来,鼓励他们去展示自己所说的话到底是在肯定还是否定任务问题。最后,一个男孩终于说出下列一段话:

> 如果二氧化碳跟空气是同样的东西,我们就可以用它来呼吸,因为我们呼吸空气。但如果我们只是吸入二氧化碳,我们就会死去。所以,二氧化碳跟空气不是同一种东西。

男孩运用了论证法进行表述,有前提,有结论。

拉回策略还有益于对孩子们进行督促。例如,一个孩子被随机挑选(见"组织发言"中的"随意挑选"),他耸耸肩表示无话可说。在他放弃前你可用拉回策略来拉他一把,让他忽略先前听到的种种复杂言论,回到基本问题上来。这样他很可能就有话要说。如果他继续耸肩,再放弃也不迟。

拉回策略延续:思考不是牢记!

一个孩子们通常的反应是:"我忘了!"此话有多重含义:因为等待发言的时间太长,他们真的忘了自己要说的话。但对某些人尤其是幼儿来说,他很可能想表达"我无话可说",这表明他们认为存在着正确答案,一时还没有找出来,因此需要分析对待。拉回策略的采用,是避开"我忘了"这一难题的好方法。你只用再次提问任务问题,并问:"你怎么看待这一问题呢?"孩子们必须明白探究不是为了得出"正确答案",也不是"牢记正确答案",而是关于"在某时某地对某事的思考",并可在此过程中的任何时刻加入讨论。

探究策略

概念图

"概念图"有时也称作"脑海图",特别利于帮助孩子记录讨论的进展轨迹。不过,你在使用时需要谨慎——它只是探究助手而不是中心主角。你感兴趣的是孩子们的观点,于是想把讨论与观点之间潜在的任何障碍最小化,而如果概念图处理不够恰当,就容易变成障碍。我倾向于不考虑整洁度、语法和标点符号——除非必须明确无误。为了简便,我尽可能只用一两个关键词,避免使用完整的句子。哲学上的概念图描绘的是讨论中已经探索过的话题,让孩子们扫上一眼就能发现他们已经说了什么,并大略知道观点是如何彼此相关的。概念图的另一个功能是快速记录讨论中凸显的问题。这样就执行了两个任务:记录观点以供深层探究,记录孩子的思维进程以督促参与。

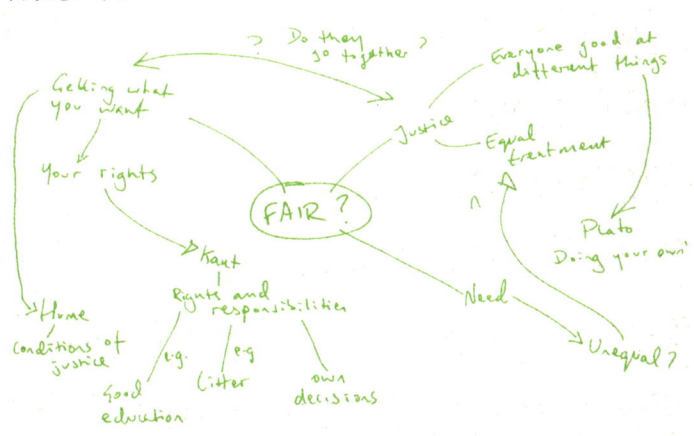

关于"什么是公平?"的概念图样板

帮助孩子发展思维

想象中的反对者

在"交谈时间"期间，你常常会留意到孩子们两两枯坐。你问他们为何不讨论，得到的回答是彼此同意对方的看法，相同的观点导致了思维的停顿。为了让这些孩子再次讨论起来，你可以建议说如果有人不同意他们的观点，他们会说些什么，这就是"想象中的反对者"。当然，你可以等待其他孩子来给出这样的挑战，但哲学的重要特征之一就是"沉默对话法"（见"支持网站"上的"你可以跟孩子讨论哲学吗？"）。"想象中的反对者"可激励孩子使用这一方法，不需要等着挑战者现身。有时，我发现他们被想象中的反对者说服并改变了原先的看法。这一技巧可经常运用于"交谈时间"。偶尔，在探究期间，当你发现孩子们众口一词毫无异议，讨论陷入了停顿，此时便可采用这一技巧。

必要条件与充分条件

你开始学习哲学时必须对付的概念之一就是"充要条件"——也就是说，在这种条件下某事是正确或存在的。它听起来令人敬畏，但你可把它分为"什么是必要"（必要条件）和"什么是充分"（充分条件）。例如，一个正方形需要四条边，但四条边不能保证你一定得到一个正方形。原因很简单，四条边也可以构成菱形和长方形。正方形的充要条件如下：一个平行封闭的二维图形，四边相等且由直角相连。你可拿"正方形"之类的概念或单词，问孩子们正方形需要什么，并把答案列举在展示板上的概念词下方。然后，问孩子们，清单在何时成为充分条件，不再需要另加东西？重要的不是孩子们能否列出详尽的充要条件，而是让他们以充要条件的方式进行思维，这是使用本策略的原因。

反证法与反面例子

当你问孩子们诸如"你认为万物都在变化吗？为什么？"等问题时，常常会发现他们边回答边提供例子来证实观点："是的，我边长边变，现在又高又大。"而此例只可说明"某些东西在变化"，不能说明"万物都在变化"。这种论证上的错误，不仅孩子会犯，成人也会。我们总是试图正面论证某些观点的正确性，事实上如果用一个反面的例子来驳斥，效果常常会更好，此法就是"反证法"。早早培养这一思维习惯，会让人受益无穷。判断一个命题的真伪，如"万物都在变化"，你只用想出一个不会变化的物体，命题就站不住脚了。在鼓励孩子们论证此命题时，我会问这样的任务问题："你能想出某种不会变化的东西吗？"又如，当论证另一个命题"所有的鸟都会飞"，我会问："你能想出一种不会飞的鸟吗？"而不是去列举所有会飞的鸟。否则，他们会耗费大量的时间，却依然无法证明本命题的正确性。这一策略值得牢记，无论是证明自己，还是推翻他人，均可派上用场。用来驳斥的例子也叫反面例子，孩子们常常很自然地就精于此道。找出例子后，接下来的问题就是："它是一个好的反面例子吗？"

破　圈

当你询问什么是"成长"，通常会得到这样的答案："成长就是

帮助孩子发展思维

某样东西正在生长。"孩子们自然而然地会给出循环定义（也叫作"同义反复"），此活动可鼓励他们提供足够的信息量。当你让孩子们下定义或解释某件事情时，请加上一个规定，即不准在答案中出现正在定义的东西。例如："请告诉我什么是思索，但要注意，答案中不可出现'思考'或'探索'一词。"在展示板上写下"思索"，并在左上角写上"它是……"，让他们用这一结构来开头，以此避免回答时又用上"思索"一词。用概念图把孩子们的观点拢在"思索"周围。一到两次的训练就可以养成好的习惯，孩子们很快会彼此监督避免同义反复词的出现。给幼儿上课时，你可用实词来代替虚词。下列词汇可用来做"破圈"训练，仅供参考。

- 思索
- 试图
- 做
- 介意
- 热爱
- 神祇

破圈是一种探究必备的方法。例如，在你用"马丁-路德·金"的话题进行关于"自由"的探索时，你可以以对自由进行破圈拉开序幕。鼓励孩子们进行"破圈"活动，用哲学术语来说，就是"概念分析"（见"西比系列故事：朋友"）。

"假设事实"与"假设观点"

在讨论过程中孩子们常常会就某些事实争论不休。人们通常认为平息争端之法就是要弄清事实的真相。此处我要介绍另一种解决

探究策略

方案：假设事实法。此时，"假设"是动词。例如，孩子们正在讨论问题："假如你跟某个人交换了大脑，那么你在哪里？"开头相当顺利，但突然有人说交换大脑是不可能的，于是讨论陷入了"能换"和"不能换"的胶着之中。这让你惊慌失措，因为你对大脑移植术知之甚少，眼看一场精彩辩论就要泡汤了。此时此刻，你就可以这样说："我们不知道交换大脑是否可能，但让我们现在就开始假设它能。如果我们能够交换大脑，假如你跟某个人交换了大脑，那么你在哪里？"让一场讨论走出事实的死胡同，继续沿着概念分析之路前行。本方法还能鼓励孩子们进行假设性思维——也就是——"如果……，那么……"，这是哲学思维很重要的组成部分（见"古阿斯的指环"中的具体例子）。

"假设观点"是"假设事实"的变形版本。它给出思考环境，让孩子们进行观点检测。不同之处在于它处理的是观点而不是事实，其他都一样（见"快乐的囚徒"中的具体例子）。

☾ "也许"性问题：先假设，再拉回，并再次提问

当你请孩子对一个设想情景或思想实验进行反馈时，他们常常会用"也许……"来开头。这样，他们就给设想情景中加入了一个没有任何根基的全新成分，变成续写故事了。举个例子，你在描述一个情景，孩子甲丢了某样东西，比如说玩具吧。他看见孩子乙手里有一个同样的玩具，便指责孩子乙偷了他的东西。此时的任务问题是："孩子甲真的知道孩子乙偷了他的玩具吗？"一个孩子举手回答说："也许他们彼此关系不好，他想找孩子乙的麻烦。"在此，"也许"的使用，让故事添入了一种原来没有的成分，会误导孩子们偏离原来的既定路线——孩子甲是否知晓整个情形。此时，你可用同样的方法进行反馈——假设观点（"也许"是一种假设性思维，你可用"如果"来继续这一假设），然后再把它拉回到任务问题上

45

帮助孩子发展思维

来:"如果真是这样,你认为孩子甲真的知道孩子乙偷了他的玩具吗?"运用此策略,你无须指出孩子们离题了,也不用绞尽脑汁地让他们理解你到底在问什么,你只需用问题让他们再次定位。

识别及质疑假设

大多数陈述句都假设了一些东西,虽然并不是所有的假设都明显得让人要去质疑。举个例子,"识别及质疑假设"就假设了人们有能力识别假设和质疑假设,这样做有益于思维。然而,假设常常很重要,一旦被发现不恰当甚至是错误的,建基于它的整个案例就会轰然坍塌。假设又常常是隐性的,需要技巧与实践去识别,更不用说质疑了。孩子们常常被隐性假设绊倒而不知原因何在。因此,当事情发生时,作为促进者的你要有举措。有一个常用的方法,如概念图探究策略所指出那样,当孩子们识别假设时,你就把问题记录下来(见"王子与猪")。

移除再次植入的概念

思想实验致力于移除无关概念,让直觉进入一个既定的概念角落,但人的直觉却要回避这一设计。思想实验说:"如果……会怎样?"而我们的直觉却说:"那是不可能的。"在情景设计与胃口对不上时尤会如此。这时哲学家会说:"如果会呢?"在"共和岛"中,任务问题为:"你们如何解决分歧呢?"孩子们可能回答:"我们会继续讨论,直到大家都同意为止。"于是又把"同意"这一曾被移除的概念再次植入,避开了问题的关键。然而,可以想象,只

探究策略

要是跟人有关，就会产生分歧，因此，"如何解决分歧"就是个值得探讨的好问题。孩子们身上常常会发生这类事情。解决的简单办法就是直接让他们考虑问题，以剔除假设。在此过程中，你无须态度激烈。下面再介绍些孩子们可能再次引入但已被任务问题移除过的例子。

> 初始任务问题 A：如果你到了宇宙的尽头，你会发现什么？
> 普通反应：你不可能到达尽头，你会耗尽食物。
> 初始任务问题 B：如果犯罪时别人抓不到你，你会犯罪吗？
> 普通反应：你不能做坏事，他们会有警报，你会被抓住的。

这时需要用拉回策略连起"假设观点"，把孩子们拉回到相关的概念与变量上。对于任务问题 A，你可以说："如果你能够到达宇宙的尽头，你认为你会发现什么？会有一个边缘吗？"对于任务问题 B，你可以说："让我们假设你怎么都不会被抓住，那么可不可以犯罪呢？"这些问题，在结构上都有两个部分：第一部分（假设成分）强调了假设的情况，第二部分（特定成分）精确发问。

概念展示

本策略与"假设事实"策略一样，都可在跟孩子们进行事实讨论时使用，特别是对事实掌握不多的幼儿。允许孩子们进行事实讨论，但要从概念性的角度入手；允许他们考虑"从某某可以得出某某"。例如，孩子们不一定需要知道大脑与头脑的区别，照样能收获颇丰地讨论它们是否为同一个东西。我就这个问题问过一些5~6岁的孩子。一些说，头脑在大脑里面。此时一个概念性问题就是：

47

帮助孩子发展思维

"如果头脑在大脑里面，那么头脑和大脑相同吗?"另一个孩子说："头脑在脑袋的前面，大脑在头脑的后面。它们是不同的东西，因为位置不同。"一个小女孩说："头脑不是在大脑里面，而是它的一部分。大脑有很多部分，分管各种事情，头脑是其中之一。"从上述例子可以看出，此时事实的精确性并不特别重要，重要的是孩子们如何从概念上探讨"大脑"与"头脑"的不同之处。一旦你掌握了从概念性角度来促进讨论的方法，便可轻松处理任何问题。

多项选择

有一种聚焦讨论或提供我称之为"思想方向"的方法，就是把问题以几个多项选择题的方式呈现出来。不过你必须谨慎，使用过多会影响孩子们探究学习的自主性。但当孩子们进行选择时，它的确能把讨论牢牢固定在某个特定的哲学范畴。平衡自主学习和保持话题限定在哲学范畴的方法有多种，多项选择是你可用的方法之一（见"古怪小店"）。

终止模棱两可

讨论常常会一分为二地开始——换句话说，孩子们通常组成两个对立阵营：一边是赞成，一边是反对。当你让孩子们进一步探讨时，会发现他们自然而然地交叉选择，去消融开始时表面上的一分为二。他们常会这样表达："我认为又对又不对。对是因为……，不对是因为……"这说明孩子们已经意识到问题不仅有甲乙两个答案，还有更多的可能性。同样意思的表达方法还有"一半一半"

探究策略

"有时是甲，有时是乙""我同意又不同意""某种意义上是甲，某种意义上是乙"。你可用下面的话来鼓励孩子们终止模棱两可的态度，走向深层思维："那么，你认为是甲还是乙？或者别的不同想法？"

前期讨论

前期讨论是介绍一个哲学观点或其他困难话题之前进行的讨论。它内容较简单，但与后面的讨论有概念上的相关性。前期讨论可帮助晦涩抽象的观点形成语境，让孩子们更容易入门。使用前期讨论是一种以人为本的导入途径，也是把探究用在常规探究中的好例子。举个例子，围绕问题"一根线有多长？"进行的探究，可以作为介绍测量、数量或数字的前期讨论（见"蚂蚁的生命意义"与"金字塔的影子"）。

引子的第二阶段：揭示争议

传统上讲，引导孩子们进行哲学讨论的方法可理解为由两个部分组成：第一是引子；第二是对引子的反应。现在我要介绍一种理解第一部分的更复杂方法：第一是引子；第二是对引子的反应；第三是发现并揭示第二步中的争议，以此促进讨论向深层发展。使用我这一方法时，你可以先用常规法介绍引子（情景或思想实验等），给孩子们留出交谈时间，然后提供任务问题。此时，作为促进者的你要伺机发现孩子们对任务问题的不同立场（在交谈时间里，你可以邀请孩子们结对分享观点或自由发挥）。然后，邀请持不同立场的孩

49

帮助孩子发展思维

子与小组分享他们的观点："我不认为某某，因为……"或"我认为某某，因为……"或"我两者都认为，因为……"这样就可以揭示隐藏在引子或任务问题中的争议。

争议的另一种揭示方法，是两个发言者有同样的理由（一、二、三），却导致了不同的结论——"我认为……，因为一、二、三"和"我不认为……，因为一、二、三"。

在第一种情形中，立场成了让孩子们选择一个立场并提供选择原因的引子。它还可激发孩子们去探索发现可能存在的更多立场（见上一条探究策略"终止模棱两可"）。而第二种情形更为精妙——同样的理由却导致了不同的结论，这里面一定是出了逻辑问题。它可以让孩子们深思：这些理由到底能导致哪种结果并能站稳脚跟？第二种情形还为孩子们提供了一个巧妙的挑战，让他们得以辨识看起来相同的理由其实不是同一种东西，比如说，出现了模棱两可的词汇——即孩子们在给出理由时，用了同一个词，指的却是不同的东西。举个例子，在同一场讨论中，一个孩子用了"心"这个字来指"泵送血液到全身的器官"，而另一个孩子用同样的字去指代"我们的思想和情感"，他们却浑然不觉自己的不同用法。

"结对前期讨论"和"探究中的小型对话"（见前面"组织发言"）两种设计，均是用于达成引子中揭示争议这一步骤的技巧。

角力展示

这一策略与揭示争议策略密切相关。不同的是，它不是引子的一部分，可在讨论中随时使用以激励孩子们批评性地看待彼此的观点。当孩子们介绍的观点中有隐性的角力时，便可使用"角力展示"策略，使之成为显性。例如："那么，乔治，对于爱丽丝'没有人拥有真正的自由'这一观点，你有什么看法？"这样可促进孩子们踊跃发言，并使用黑格尔式辩证法进行哲学拓展。

检测言外之意

若要从孩子身上引出更多东西，试试抛回他们观点中的言外之意，让他们再次深入思考。假如一个孩子说："西比（机器人）不属于人类，因为他没有大脑。"相应的言下之意就是人类必须有大脑。于是便构成了一个问题："那是不是说，人必须要有一个大脑呢？"

这是辩论的极佳介绍。其中隐含的论证如下：

人类必须要有大脑。
西比没有大脑。
所以，西比不是人类。

接下来的任务问题链接了孩子的观点，并带出言外之意，鼓励孩子继续思考。下述例子来自一群5~6岁孩子的探究。

任务问题：头脑跟大脑相同吗？

甲（孩子）：头脑在大脑里面。

乙（促进者）：那意味着头脑跟大脑相同还是不同？（拉回策略）

甲：不同。

乙：为什么？

甲：因为……

帮助孩子发展思维

使用检测言外之意法，便可促使孩子在年幼时期熟知论证程序，不须教正式的论证。它要求你能够娴熟地使用"开放＋封闭"的提问技巧（见下文"打开封闭性问题"与"西比系列故事：安卓（人形）"中的"检测言外之意"例子）。当你使用这一策略或在进行一般性提问时，注意要用不温不火的态度，避免使用夸张的语调——比如说，当你问一个貌似很无知的问题，用了"问这个简直就是大傻瓜"的语调。为了更好地理解这一点，你可以用不同的语调问："那是否意味着人必须要有大脑？"体会一下语调是如何改变发问力度的。

打开封闭性问题

据说，如果使用封闭性问题比其他类型的问题多，便不是个好习惯。我们常常被要求多提开放性的问题，说只有这样才能从孩子身上获取更多东西。此话听起来有理，但我认为也有草率结论之嫌。封闭性问题是断不可少的，它能把反应或答案固定在特定的范畴，故有必要常提封闭性问题。开放性问题常常因其开放而对你预设的目标没有帮助，如教授一个特定的事实，或某个知识体系。我建议你可以使用封闭性问题，但要谨慎，记住一定要再次打开它，使讨论保持在开放状态。这样既能保留封闭性问题的指向性，又能保证问题与反馈的整体开放性。下面我用"检测言外之意"的例子作为说明（见"西比系列故事：安卓（人形）"）。

> 任务问题：头脑跟大脑相同吗？
> 甲（孩子）：头脑在大脑里面。
> 乙（促进者）：那意味着头脑跟大脑相同还是不同？（封闭性

探究策略

> 问题）
> 甲：不同。
> 乙：为什么？（再次打开，使之成为开放性问题）
> 甲：因为……（孩子继续展开解释）

两分假设

　　本策略跟"假设事实"与"假设观点"相关，它在使用假设法的同时，运用了另一套逻辑操作：分离法。它的外形结构是："要么是A，要么是B。"接下来的例子描述了这一探究策略是如何鼓励一些9岁的孩子进行深层假设思维的，同时请留意，它又是如何化解促进者、小组与孩子之间潜在尴尬场面的。当时的任务问题是："独角兽有一只角还是两只角？"很多孩子说独角兽并不存在。"假设事实"策略便出场来清除这一讨论中的障碍："如果独角兽是存在的，那么它们有几只角呢？"探究继续进行，直到一个孩子说："它们是存在的，但你要运气好才能见得到。"一些人马上进行反驳，重申它们并不存在。我发现，在这种情形下，我必须对这个孩子有所反馈。如果我说独角兽存在，会让孩子们觉得不好意思；如果我沉默不言，孩子们会坚持他们的反对意见，又会让发言的孩子觉得不好意思。此时，我便用上两分假设策略和拉回策略。我说道："让我们从两方面考虑这个问题。如果独角兽存在，它们有多少只角？你是怎么知道的？"然后再问："如果它们不存在，它们又会有多少只角？"

53

帮助孩子发展思维

理解网络图

想要让每个人都听懂你的讲解，这常常是最大的困难。有时你讲了又讲，却徒劳无功，这真是令人沮丧啊。此刻你可尝试改换策略：不要亲自讲解，让孩子们彼此讲解。让懂了的孩子用自己的话来讲述给别人听。如有必要，请他再用不同的话来重述。一旦另一个人理解了，再请这个人用自己的话来讲一遍。很快你就会看到，随着孩子们自我理解的推进，大家开始明白了。这比你亲自上阵要有效得多，因为孩子们用了一种彼此听得懂的语域。这时，明智之举就是关注他们使用的语言和概念，以修正你下一次的讲解，甚至是在下一阶段对同样材料的呈现。

采用"不同的声音"

尽管我主张你不能表达自己的观点，也不能亲自对孩子进行质疑，但你还是可以用其他合适方法来达到目的。采用"不同的声音"就是有效的方法之一，它可以激励和挑战孩子们，并唤醒新的思想。

你可用"哲学家/人物的声音"。这样涉及哲学家/人物角色扮演，你可借此机会来劝说孩子们接受某个特别的观点，以全面激励他们进行讨论。这样做的前提是你必须对哲学家们的观点有十足的把握，才能在以他们的名义说话时不至于出差错，如把握不好最好别做。记住，在课堂中发言的不是你，而是那些哲学家或人物，你要再三申明你在使用谁的"声音"。例如，"苏格拉底会说，你只有在做好事时才会感到快乐"（见"古阿斯的指环"）。

你还可以采用"同伴的声音"。当你已经上过几次某课，发现效果还不错，就可以使用那些课里孩子的见解来鼓励新课中的深层探究。当孩子们停滞不前，一直围绕着某个尚未获取的趣味性或哲学性的见解徘徊，而你已从另外的课中知道同龄孩子们可走多远时，便可使用这一策略，一般情况下效果颇佳。

思路和反馈探测器

使用传统的发言管理方式，如"人人机会均衡""举手"等，可能意味着失去好的辩证时机，因为孩子们有话要说却得不到及时的机会，结果让反馈失去时效，不再切合讨论的进程，或者甚至被遗忘了。很多时候，你会想探测一下我所谓的"思路"，它们是连成一片的，来自不同参与者的看法与推理。自然而然地，你就想跟上去进行拓展了。拓展会让小组和参与者齐受益，把讨论提升到一个新的深度和精度。其他小组也能顺势跟上，到达新的层次。

使用"反馈探测器"可以发现这样的"思路"。一种探测反馈的方法是对孩子们说："关于上一点，有话要说的请举手。"另一种稍复杂，是请孩子们使用不同的手势，表示他们有不同的话要说：整个手掌表示有新观点，一个手指头表示对前一观点进行反馈。这种方法要求孩子们有能力鉴别自己的发言类型。适当地给予机会，就能让他们很好地发展这一技能。要有所选择地使用反馈探测器，并适时返回到其他发言管理方式上去，让大家都能参与讨论。当你听到发言有哲学上的重要性，或感到小组被某个观点迅速调动起来时（箭一般地举手等身体语言是最好的说明），便可开始使用这一策略。它还可用于"思路"后的连锁反应检测，然后再次回归到孩

帮助孩子发展思维

子们身上。

必要条件（sine qua non）：事物的基础

　　Sine qua non 的拉丁语字面意思是"不可或缺"。此处指某物的基本特征，没有它，你就得不到一个特定的概念。例如，如果你有一个"红色正方形"，其基本特征就是正方形。如果你把它删除，就得不到正方形。而"红色"不是基本特征，因为不管正方形是否红色，它还是个正方形。"直角"也是基本特征，没有它也成不了正方形。简而言之，Sine qua non 就是让人们思考事物的基本特征。例如，哪些是你的基本特征或特质，没了它们你就不再是你？你能找找吗？（见"你在哪里？"）

同理心与挑剔

　　一旦观点被介绍后，一个有效的开始方法就是试着思考为什么哲学家或孩子会这样想，即用同理心原则去思考问题。之后可再斟酌此观点的错误之处。如此这般可鼓励孩子们用平衡的角度考虑问题。这一策略跟"两分假设"策略有相关之处，它们都让孩子们从两个方面去思考一个理论或观点。（1）如果它是正确的，它为什么正确？（2）如果它是错误的，它错在哪里？（见"无限填充：形而上学之趣"）

第二部分
最受孩子欢迎的哲学探究课程

椅　子

帮助孩子发展思维

适合 7 岁及以上儿童
星级难度：**

主　题

物体及其意义
感知力
观点
称呼与指代

本课哲学

哲学源于好奇。

——柏拉图

哲学是超越所见。

——六年级某学生

　　本课的设计初衷，是让儿童参与哲学过程，掌握推理艺术，而不是纯粹地学习相关知识。也就是说，我们要让儿童学习直接的哲学探究。"椅子"分为几个部分，每部分都包括引子、交谈时间和探究。

　　这是儿童首次进行哲学探究的启蒙篇。基于本课，我与 7 岁及以上儿童成功地进行了哲学探究，有时做些相应简化。我常说，哲学探究就是以显而易见的东西为目标（如"这是一把椅子！"）进行深层思考，发现其深藏的可能性（如"它什么也不是"或"你想它

椅 子

是什么,它就是什么"或"它是一切"等等)。拿一位小学生的话来说,哲学就是"超越所见"。这一被我经常引用的精彩观点解释了两件重要的事情:哲学的"探索性"和"转化性"。换言之,不需改变物体的物理性质,只运用思考,我们就能改变对它的看法。思考可让一把椅子从普通用具转化成新鲜的东西,这多么值得我们花些时间去思考、去谈论!哲学家恰如古代钻研炼丹术的方士,具有点石成金的能力,能唤醒事物失落已久的新奇,让平淡之物变得趣味盎然。

如果你打算将这些话用于第一次探究课,谨记要在孩子完成了探究之后再用。这样,你就是描述他们做了什么,而不是告诉他们该怎样做。

引 子

在室内空地中央放一把椅子。问孩子:"这是什么?"跟预期一样,你会听到"椅子"。告诉孩子们说:"让我们在上完课后再回答这个问题。"然后开始下面的故事。

第一部分

请想象一个房间,窗户很多,洒满阳光。里面有一样很像这个的东西(指指椅子)。有人走进房间,看见了它。他想:"啊,有地方坐了。"他坐下小憩,因为他一直在走路。过了一会儿,他看看手表,便急匆匆地起身走了。后来又进来一只狗,它看见这东西,就趴在下面纳凉——这是一个大热天。狗待在那里喘了一会儿气之后,也跑了。

如此看来,人认为这个东西是用来坐的,狗则认为它是用来遮阳的。

61

帮助孩子发展思维

任务问题一：这东西是什么？是可以在上面坐的，还是可以在下面纳凉的？或者其他？

此时请停下来，让孩子们讨论，并用概念图记下他们的想法。十分钟后，继续讲述。

探究策略：概念图

概念图能帮助你和孩子记录讨论中所说的话。请尽量使用关键词，少用句子，以确保孩子们集中精力讨论，而不是看展示板。概念图可展示不同观点之间的区别与联系，记录思维轨迹，为讨论中的孩子引路导航。它能培养孩子以整体的观点看待问题，意识到大家已经表达了何种观点、正在形成何种观点，启发他们生成新的观点。

第二部分

夜深了，四处无人。一艘宇宙飞船着陆了，几个外星人走了出来。这些外星人在星际间走动，收集各处的物品。本次造访地球，他们收集了这个东西（指一指椅子）。搬完后，他们便以光速消失在太空里。在飞船里，外星人研究着这个东西，想看看它是什么，却毫无头绪。

任务问题二：如果外星人不知它是什么，那么它是什么？

本问题仅供选择，时间不够的话可直接跳过去，不过随后你还是会很想回到这个问题上来。这表明，当人们试图说明某物之所以是某物时，"知"扮演着重要角色。

椅　子

🌙 第三部分

　　这些奇特的外星人与人类也有相似之处：有头有臂有腿，只不过每侧两只胳膊三条腿。他们只有一个脑袋，比人类的要大要宽。他们发现这东西很适合自己的脑袋，于是猜想它一定是帽子。他们戴上帽子，揽镜自照，觉得神气十足。回到乍冈星球后，其他外星人对这顶新奇的帽子兴趣浓厚。最初的发现者乍波格便冒出了一个念头，他开始大量生产这种"帽子"，卖给其他外星人。

　　任务问题三：现在，这东西是什么？是坐具？是遮阳物？是帽子？或是其他什么东西？

　　接下来，给予孩子们更多的交谈时间与探究时间。若要加快速度，你可以在布置任务问题后略去交谈时间，让孩子们直接探究。

🌙 第四部分

　　千万年过去了。现在人类掌握了星际飞行技术。这时候的椅子没有腿，让人们无须起身便可四处漂浮。一天，人类来到乍冈星球，跟外星人接触，交朋友，学语言。分别时，外星人送了一个礼物：一项仍然非常时髦的帽子（指着椅子）。人类带着礼物开心地飞回地球。他们宣布已与外星人联系上了，并把礼物上交到一家太空博物馆。礼物被安置在一个特别的展示箱内，下面贴着标签："乍冈人的帽子。"

　　任务问题四：这东西是乍冈人的帽子吗？

　　如有可能，多留出点儿交谈时间和探究时间。

帮助孩子发展思维

第五部分

让我们再回到乍冈星球。乍波格带回的原件已传承给后代，在曾曾孙乍波格三世的屋子里占据着显赫的位置。它非常珍贵，被报警器层层保护。一天晚上，小偷入户行窃，盗走了这件东西，并飞往太空。乍冈警察穷追不舍，展开太空大战，并摧毁了小偷的宇宙飞船。这东西飞越太空，翻转地落到一个路过的小行星上。它被带入更深远的太空之中，消失了。

小行星在太空中飘啊飘啊，十年过去了，百年过去了，千年过去了，百万年过去了，亿万年过去了，再也没有了乍冈人和地球人，他们都早已消失得无影无踪了。

> 任务问题五：现在，没有乍冈人和地球人（或其他东西）看着它、使用它，那它是什么？

预留更多的谈话和询问时间。你需要使用拉回策略（见下文）提醒孩子们：真的没有人或物能再看见和使用它了！

第六部分

这个东西坠落到过路小行星上时，它是底部朝天的。其上，在清晰可见的地球生产日期旁边，写有两个字："椅子。"

> 任务问题六：这是否意味着，它从来都是一把椅子？

把握好时间很重要，请你把每部分控制在十分钟左右。但不要因此而打断一场激烈的讨论，倾听就好。记住，本课可拓展成两到三个课时。如果你想在一个课时内完成，那么无论你如何删减，都必须确保要有高潮（"小行星"部分）。这一点很重要，我将在下面

椅 子

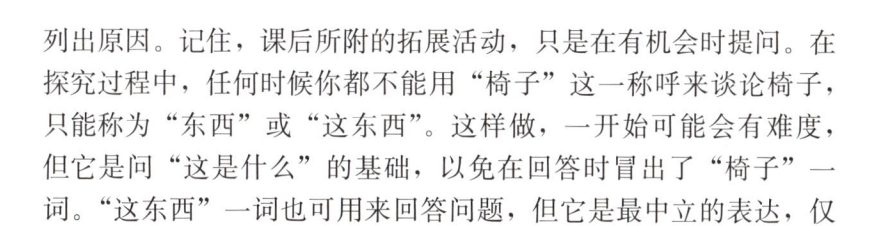

列出原因。记住，课后所附的拓展活动，只是在有机会时提问。在探究过程中，任何时候你都不能用"椅子"这一称呼来谈论椅子，只能称为"东西"或"这东西"。这样做，一开始可能会有难度，但它是问"这是什么"的基础，以免在回答时冒出了"椅子"一词。"这东西"一词也可用来回答问题，但它是最中立的表达，仅次于没回答，会让课程异常艰难。

> **探究策略：拉回策略**
>
> 　　在探究过程中，贯彻使用拉回策略非常重要。你可向孩子们提问："那么它是什么？"用此方法来确保始终聚焦探究目标。拉回策略的作用有：
> - 保持事物的相关性与聚焦性
> - 挖掘隐藏的相关性
> - 链接观点与任务问题
> - 激起辩论
> - 澄清和促进思考

"小行星"部分（第五部分）之所以重要，是因为大多数孩子会以目击者的眼光——往往是他们自己，去界定或企图理解椅子是什么。本练习的首要目标是让他们越过自己，以别人的观点——狗、外星人——来思考这一东西。下一轮的目标是在目击者缺失的情况下，邀请孩子们思考"这是什么"。它是一个著名的哲学问题改编版："大森林里一棵树倒下了。附近没有任何人可以听到它倒下的声音，那么它究竟有没有发出声音？"如果让孩子直接接触这个问题，他们很难发现要点之所在。本故事的开场白为他们回答这一问题做了铺垫。到故事的高潮部分（"小行星"部分）时，他们已成熟到应

65

帮助孩子发展思维

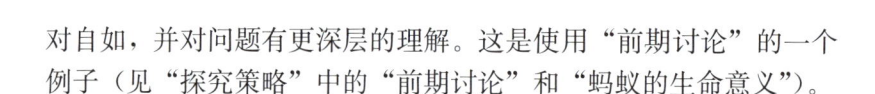

对自如，并对问题有更深层的理解。这是使用"前期讨论"的一个例子（见"探究策略"中的"前期讨论"和"蚂蚁的生命意义"）。

拓展活动

下列问题是我跟孩子们讨论时出现过的，你可根据讨论进度见缝插针地使用。

复制品

如果地球人不是最初的制造者，而是复制外星人遗留在地球的物品，或者是直接使用外星人遗留下来的物品，情况会是怎样？这是不是说它本来就不是椅子？

两难境地

在我和孩子们的一次讨论中，还出现过更复杂的版本：那些外星人在进行时间穿越。他们带着在地球上发现的"椅子"原物，又回到地球向地球人介绍。于是出现了一个两难境地——外星人自人类处发现它，而人类自外星人处发现它！现在它是什么？

两把椅子

一次我无意中把两把"椅子"放到了房间的中央，便宣布说它们一个是地球人制造的椅子，一个是外星人制作的帽子，但不知道哪个是哪个。于是问：我们如何分辨？或：它们是不同的东西吗？

室内有多少样东西？

还有一种情形，请孩子们想象下列场景：人、狗和外星人都站在室内瞅着"椅子"，他们认为这是不同的东西：狗认为是遮阳物，人认为是椅子，外星人认为是帽子。那么，不算人、狗和外星人，室内的东西是三样还是一样？接下来有一个很好的问题：如果他们都离开了，那么有多少样东西留在室内？

椅 子

在线支持

主要哲学
贝克莱与唯心主义（Berkeley and Idealism）
康德与"物自体"（Kant and the "Thing in itself"）
相关哲学
亚里士多德与目的论（Aristotle and Teleology）
霍布斯与唯物主义（Hobbes and Materialism）
形而上学：论存在（Metaphysics：What There Is）

> **相关课程**
> 蚂蚁的生命意义
> 你能两次踏入同一条河流吗？
> 忒修斯的船
> 思考虚无
> 无限填充：形而上学之趣

蚂蚁的生命意义

帮助孩子发展思维

适合 9 岁及以上儿童
星级难度：**

主　题

目标与设想
存在主义
神与宗教
价值

本课哲学

本课讨论一个很大的话题："这是为什么？"当你思考某物的目标或设想，在哲学上就叫"目的论"（Teleology，来自希腊文 te-los，意为"目标"或"设想"）。欲知详情，请进行下列思考：

任务问题一：这些是用来做什么的？
一把椅子

蚂蚁的生命意义

> 一棵树
> 一个人

这几种东西会分别引发不同类型的答案。对生命意义的质疑能让我们思考为何自己活在世上，但赋予某物目的，则可能会显得狭隘。"蚂蚁的生命意义"就说明了狭隘答案的问题根源。本课可与"椅子"自然衔接，后者所讨论的东西自然导出本课的关注热点。如果把"任务问题一"用在读故事之前，以"椅子"为开篇，你可以顺理成章地完成导入任务（见本课"探究策略：前期讨论"）。

引 子

很久很久以前，蚂蚁王国进行了一场关于生命意义的讨论。

"我们为何在此？在此干什么？"它们问。

一些蚂蚁说是为了努力工作以供奉蚁群；一些说是为了繁衍生息使种族延续；一些说是为了享乐，但旋即指出蚂蚁们不擅长这个；还有的说是为了集体而不是自己的利益……讨论持续到深夜。对于为什么活在世上，蚂蚁们众说纷纭。

就在第二天，一只探险蚁回来了。它探索了博大广袤的世界，受到整个蚁群的热烈欢迎。因为很久不见它的踪影，蚁群还以为它死在探险路上了呢，现在大家都想听听它的历险见闻。

当探险蚁听到蚁群整夜争论的话题，便把大家召集过来，说道：

"大家知道，我一直在环游世界，见了前所未见和闻所未闻的东西。我见过阳光下的瀑布彩虹闪烁；我见过擎天巨物，周围满是两条腿的巨型白蚁来去匆匆。"

巨型白蚁的形象让蚁群惊叹不已。探险蚁继续道：

帮助孩子发展思维

"我懂得你们所不知道的东西。我知道各种行星与世界历史；我了解生活在这个世上的许多其他动物，和曾经生活过但现已消失的动物。我想，我有资格回答你们的问题：'我们为何在此？'"

所有的蚂蚁都身子前倾，期待着答案。

"我们在这里，是为了……"它迟疑着，声音低不可闻，犹如耳语，"给食蚁兽提供食物，就是这样！"随即它大声说道："我们是食蚁兽的食物！"整个蚁群都震惊地看着它。

"想想吧，"它继续说，"它们生来就是专门吃我们的，我们生来就是被它们吃的。它们有又长又黏的舌头，可以伸进我们的蚁穴，而我们又很容易被黏物粘住；它们有厚厚的皮毛让我们咬不着。所以，我们生存的原因，就是为食蚁兽做食物的。"

这个结论让蚁群争论不休，直到今天，它们还在争论。

> 任务问题二：你怎么看待探险蚁的结论？这结论正确吗？蚂蚁们只是食蚁兽的食物吗？

嵌套问题：
- 我们活着是为了某个特别的原因吗？还是什么也不为呢？
- 是我们自己把意义注入生命，还是我们需要外物把意义注入我们的生命？
- 什么是意义？

> **探究策略：前期讨论**
>
> 展开讨论前，最好要有引子，如"椅子""忒修斯的船"；也可先进行概念性讨论，再导入引子，如"金字塔的影子""蚂蚁的生命意义"。这样能聚焦引子本身的哲学性材料，让孩子们

蚂蚁的生命意义

在讨论故事里的相关概念前，先活动活动思维肌肉。恰当的引导，能让孩子们解决复杂的观点与材料，其理想效果会使你为之惊讶。让我们进行一下对比：如果不给出前期场景，而只是把一个复杂的哲学概念"砰"的一声扔在孩子们面前，会遇到怎样的艰辛！哪怕是"大到底有多大"这样一个简单的问题，也会让很多孩子犯难（见"金字塔的影子"）。前期问题不需要复杂，只要有概念上的相关性与丰富性，简单点甚至会有更好的效果。本课中用了三种截然不同的东西——椅子、树、人，并进行了前期问题提问："这些是用来做什么的？"

在线支持

主要哲学
亚里士多德与目的论
相关哲学
密尔与功利主义（Mill and Utilitarianism）
苏格拉底、亚里士多德与灵魂论（Socrates, Aristotle and the Soul）
萨特、波伏娃与人性（Sartre, de Beauvoir and Human Nature）

相关课程

椅子
王子与猪
快乐的囚徒
金手指

你能两次踏入同一条河流吗？

帮助孩子发展思维

河流1
时间1

河流1
时间2
或者
河流2
时间2

流过了岁月的河，还是同一条河吗？

合适 8 岁及以上儿童
星级难度：*

主　题

变化
论证
同一性
必要条件与充分条件
河流与水循环

你能两次踏入同一条河流吗？

本课哲学

这是最著名的哲学问题之一，据说最早由以弗所的赫拉克利特提出。跟《忒修斯的船》一样，本课讨论的是变化与同一性。对孩子来说，这些是最容易达成的哲学话题。在艰难探索哲学问题时，孩子们会有一种感觉：他们看到的世界是完全的、静止的实体（好和坏、错和对、你和我），而体验的却是变化中的世界。因此，孩子们可能对本问题有所了解。

引　子

蒂米和蒂娜跟父母到河边野餐。他们在堤岸边踩着水，挥舞着渔网捞蝌蚪。他们还玩着小熊维尼的著名游戏"维尼之棍"——蒂米和蒂娜各从桥的一边扔一根小木棍到河里，再跑到桥的另一边，看谁的小木棍先漂过来。过了一会儿，妈妈叫吃三文治。他们跑到野餐毯旁，往嘴里塞着午餐。饭后，蒂米说："我要再去河里抓些蝌蚪。"

蒂娜看着他，问："哪条河？"

蒂米有点儿惊讶，说："刚才我们玩过的那条河呀。你以为是哪条？附近就这么一条河。"

妹妹想了想，看着他讪笑道："已经不是同一条河流了。你不可能两次踏入同一条河流。当你走过去，它已经是不同的河了。"

任务问题一：为什么蒂娜认为它是一条不同的河流，你能说说吗？

77

帮助孩子发展思维

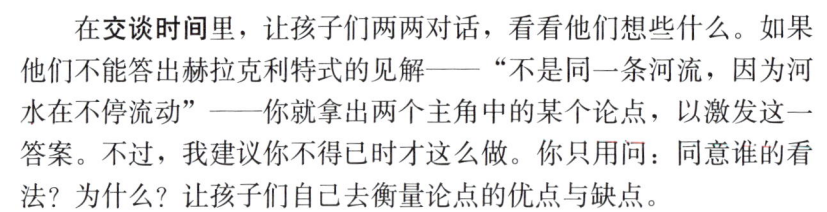

在**交谈时间**里，让孩子们两两对话，看看他们想些什么。如果他们不能答出赫拉克利特式的见解——"不是同一条河流，因为河水在不停流动"——你就拿出两个主角中的某个论点，以激发这一答案。不过，我建议你不得已时才这么做。你只用问：同意谁的看法？为什么？让孩子们自己去衡量论点的优点与缺点。

"你什么意思？"蒂米迷惑地问。

"它不可能是同一条河流，因为我们曾经踏入的河水已经流走，河流变化了。它是一条不同的河流。"蒂娜抱着双臂，站在那里，看蒂米如何作答。

"我明白你的意思了。"蒂米说，"但它还是同一条河流，只是水变得不同罢了。"

妹妹瞪着他说："河流之所以成为河流，就是因为有水。那么，水变了，河流就变了，不是吗？"

接下来让孩子们两两结对，扮演蒂米与蒂娜，并说服对方，然后接着探究。

探究策略：必要条件与充分条件

接下来的方法之一是跟孩子们探讨河流的构成条件。运用"必要条件与充分条件"策略，来探讨"什么是河流"。把"河流"二字写在展示板上，让孩子们列出河流的必备特征。图示看起来可能是这样的：

```
        堤岸
         |
        河流
       /    \
      水    河床
```

你能两次踏入同一条河流吗？

> 每列一个条件便问问孩子，有没有可以删除这一条件的例子。比如，如果说熔岩流、巧克力流或水银流也可流动，有了"液体"，我们可能就不需要水。于是得到下一个问题："你愿意拥有一条干涸的河流吗？如果没水或其他流动物质，它还是河吗？"不要期待讨论结果，弥足珍贵的是孩子们能够如此思考。

万物都在变化

下一步，介绍赫拉克利特。告诉孩子们，早在2 500年前，赫拉克利特就问过"你能两次踏入同一条河流吗"（更多信息参见"支持网站"）。把他的名字写在展示板上，告诉孩子们，他也认为"万物都在变化"。板书时，你可以这样问："如果赫拉克利特认为万物都在变化，那你觉得他会怎样回答这一问题?"鼓励孩子们用思辨的形式进行思考。下面是思辨形式的一个例子，你可能在某个地方见过。

> 如果赫拉克利特认为万物都在变化，他一定会认为河流也在变化。
>
> 如果河流在变化，你就不能两次踏入同一条河流，因为它总是在变化当中。
>
> 所以，他的答案一定是："不，你不能两次踏入同一条河流。"

历史上赫拉克利特的思考过程大概如此。也许有孩子感觉河流虽在变化，但总有些什么未变。这些孩子就得不出"如果河流在变化，你就不能两次踏入同一条河流"的结论。

本问题一直存在争议，所以你要避免提供答案，也不要表现出

帮助孩子发展思维

在期待答案。让孩子们思考就好，结论倒是无关紧要。你可以鼓励他们彼此反馈以促进理解。避免"猜猜我的脑袋里有什么"，也别在上面花太多的时间。

探究策略：反证法与反面例子

现在，问孩子们是否同意赫拉克利特的"万物都在变化"这一看法。接下来是交谈时间与问题时间，然后，设置更深层的任务问题，鼓励孩子们用反证法来证明假设："你能想出某种不变的东西吗？"留出更多的交谈时间与问题时间。我曾建议孩子们考虑"过去""数字""月亮上盒子里的书""你的姓名""神""某事件"，等等。这些讨论可让他们了解什么是反证——一个与论点相反的例子。

哲学：哲学写作

若想鼓励孩子们进行哲学写作，可给他们提供"哲学日志"或哲学家庭作业纸，让他们写下课堂中讨论过的任务问题，或另一合适的**打包问题**。这样把所学课程变成下一课的前期讨论，可帮助孩子们打开思路，从而在任何任务中激发灵感。

在线支持

主要哲学
赫拉克利特与变化

你能两次踏入同一条河流吗？

相关哲学

亚里士多德与逻辑三段论（Aristotle and the Logical Syllogism）

贝克莱与唯心主义

霍布斯与唯物主义

莱布尼茨与同一性

圣奥古斯丁与时间（St. Augustine and Time）

前苏格拉底哲学与自然哲学（The Pre-Socratics and Natural Philosophy）

形而上学：论存在

> **相关课程**
>
> 椅子
>
> 忒修斯的船
>
> 西比系列故事：重建
>
> 你在哪里？
>
> 无限填充：形而上学之趣

共和岛

> 帮助孩子发展思维

你如何生存？

适合 7 岁及以上儿童
星级难度：*

主　题

群体决策
政治
公平
规矩
社会

共和岛

公民权
岛屿

本课哲学

　　本课基于柏拉图的对话录《理想国》设计而成。在书中，柏拉图探讨了什么是正义，并试图以所得到的结论为蓝图来建立一个理想的国度。《理想国》也许是有史以来被广为谈论的最著名的政治著作之一。

　　本课的目标是让孩子们在没有成人参与的情况下进行决策制定，以思考在社会团体中"什么是正确的"这一自然法则。我们可像柏拉图一样把"自然法则"称为"正义"，但对孩子们来说，"公平"一词可能更容易理解。孩子们将学习一些重要的社会技巧，如解决内部分歧，并找出正当理由。讨论中时常凸显的正义（公平）的概念常常有：公平是"得到你想得到的"；公平是"平均分配"；公平是"平等对待"；公平是"需要"；公平是"优先"；公平是"力量"；公平还可能是"审时度势"，等等。讨论时要牢记一个问题："这些概念可以同时存在吗？"例如，"公平是'得到你想得到的'和公平是'平均分配'"能共存吗？人人都想得到自己想得到的，那么平均分配是否可能实现？还有，"需要"与"平均对待"能否兼容？

　　"共和岛"与其他课程有所不同，有几个部分。一个简单的处理方法就是把其中几个部分作为一课。我自己通常把头两部分"生存"与"决策"作为一课，另外两部分"规矩"和"什么是公平"作为一课。

85

帮助孩子发展思维

引 子

第一部分：漂流者的生存问题

假设这是既没电也没机器的古希腊时期，你在茫茫无垠的太平洋上乘着木质大帆船航行了数周。一场可怕的风暴连续肆虐了好几天。最后木船倾覆了，在巨浪中翻滚。海中挣扎的你好不容易抓到了漂浮的木板、抽屉或桅杆之类的东西，你拼命地将其抱住。

第二天早上，风暴停息了，你发现自己被海浪冲刷到一个热带岛屿的海滩上。此刻艳阳高照，天气祥和。你站起来，决定到处打探一番。在不可预测的未来日子里，这里就是你的家了。

你发现岛上无人，好像也从未有人居住过，毫无人类活动的迹象。金色沙滩环绕着小岛，茂林丛生，各种动物和果树时时闪现。森林的中央有山，好几股溪水从山上流下，并在山脚形成一个湖泊，湖里群鱼戏水。大自然的恩赐如此丰厚，足够你生存。

探寻归来时，你发现船上其他幸存者也来到这里，一共四人。你们聚在一起，商量下一步的对策。眼下当务之急，就是如何在新发现的家园里生存。

任务问题一：你们将如何生存？

本任务可供小组在交谈时间内进行讨论（见下文）。很多活动可在这一部分展开（见下面"拓展活动"建议）。若你想省下时间给哲学探究，不愿耗时太多，则10分钟就够了。

共和岛

> **拓展活动**
>
> - 让孩子们画一画岛屿图，确保图画上的岛屿有上述特征。
> - 读读或讲讲丹尼尔·笛福的《鲁滨逊漂流记》，让孩子们独立想象一下故事中的场景。下面是供你选择的任务问题："独处快乐吗？""独处时需要语言和文字吗？""你认为独处的人需要担心表现如何及遵守规矩吗？""有没有即使你一个人独处荒岛也必须遵守的规矩？"
> - 根据孩子的年龄情况，酌情观看汤姆·汉克斯主演的电影《荒岛余生》（或片段）。让孩子们注意自己的主张与规定跟汤姆·汉克斯扮演的主角有何相似之处。注意电影要在孩子们讨论之后再看，以免影响他们的思维。

第二部分：决策

把孩子们分成小组，每组五人，代表岛上的五个漂流者（提醒孩子们，每组在各自不同的荒岛上，不能磋商与互助）。为了组合并任意分配小组成员，建议你用以下方法：整个集体从一到五轮流报数，让每个人举起同样数目的手指来记录所报的数字。这样，举一根手指的孩子在第一组，举两根手指的孩子在第二组，举三根手指的孩子在第三组，依此类推。然后让举同样手指数的孩子坐在一起，组成一个小组。报一的孩子在第一组，报二的孩子在第二组，等等。这样你和孩子都不会忘记谁在哪一组。现在，整个集体都被分配到相应的小组，并彼此远离。告诉他们，在真实的海难事故发生时，任何人都无法选择漂流同伴（当然，在某些孩子坐一起就可能制造麻烦时，你可以适当调换一下组员）。

帮助孩子发展思维

利用第一部分的设想，向孩子们描述他们的家与居住地，并请他们给自己的"五人小镇"取个名字。记住不要提任何建议。当他们请求帮助，你要用演戏法脱身："我不在这里啊，所有的大人都和船一起消失了，你们只能靠自己了。"当然啦，形势紧急时，你还是有介入必要的（譬如有人哭了）。你的原则是尽量减少你的存在，让孩子们自己想办法完成任务。给他们设一个时间期限，但保留叫停的权力。

现在问他们下列问题（写在展示板上）：
- 给你的小岛取好名字了吗？
- 你们是如何决定的？
- 做这一决定时有什么困难吗？
- 你们是如何解决这些困难的？（鼓励大家一起回答这个问题）

就上述问题询问每一组孩子，并写下他们所取的名字及决定名字的方法。可能出现的解决方法有：
- 同意
- 投票
- 抓阄
- 领导决定，等等

鼓励孩子们对这些方法进行批判性评价。有一种方法是去询问那些认为不公平的孩子："为什么你们认为不公平？"另一个方法是询问下一个问题：

任务问题二：哪一种方法最好？为什么？

一个有趣的冲突会经常出现：孩子们常常决定投票，认为它是最好的方法（尤其是看到当前电视上经常有投票节目）。但在不能全体通过时，他们又会放弃，并转向下一个名字。因此，即便他们知道投票的重要性体现在人人可以发出自己的声音，他们也不能理解投票法的设想是什么。这里有一个帮助他们探索的好问题："只有人人都同意的投票才是公平的吗?"注意:"公平"一词已经呈现。下面是一个很好的任务问题。

> **任务问题三**:如果你所在的小镇出现意见分歧,你将如何解决这一问题?

> 🎓 **探究策略:移除再次植入的概念**
>
> 任务问题二是让孩子们排除"毫无异议"的方法,免得他们一致同意某个名字。他们也可能会说:"我们找到了一个大家都同意的名字。"让"毫无异议"再次凸显。在这种情况下,要明确移除不利成分:"如果你们仍然不同意,该怎么办呢?"用拉回策略把他们轻轻拉回到解决分歧的思路上来。

🌙 第三部分:规矩

一旦孩子们学会了生存,给新小镇取了名字,下一个重要事情就是讨论制定规矩,或思考是否需要规矩。给孩子们足够的交谈时间,让他们进行讨论。请画出这一部分的概念图,让大家可以清晰地看到讨论进程。某些很好的任务问题可能会借某个孩子的口提出来(如果没人提出的话,你最好亲自发问)。

> **任务问题四**:我们可否制定"不需要任何规矩"这一规矩?

此时可讨论:选谁来统治,为什么?选最强壮的?最聪明的?人人参与统治?无人统治?等等,这些都是很好的任务问题。

帮助孩子发展思维

任务问题五：谁来统治？为什么？

> **拓展活动：罗尔斯的规矩**
>
> 可尝试美国现代哲学家约翰·罗尔斯（John Rawls, 1921—2002）的思想实验"无知之幕"：请孩子们制定一份校规，前提是人人不知道自己的身份，因此有可能是学校校长、教师、学生、优等生、差生等，也不知道自己的性别、种族和宗教信仰。你可以把本活动分为两个部分：先以自我的身份来制定校规，然后进入"无知之幕"来制定校规。看看前后两个校规是否相同。

第四部分：什么是公平？

在柏拉图的著作《理想国》中，"什么是正义"这一问题作为线索贯穿始终，时隐时现，但一直存在。同样，"共和岛"一课也是由"什么是公平"串起。"公平"是"正义"很好的代替词，孩子们无须理解"正义"这一抽象名词便可进行相似的讨论。有时，小学高年级的孩子可能会引入"正义"，既然如此，你也不妨使用。我则觉得用"公平"一词更合适这种讨论，故尽量避免"正义"。

如果"公平"一词在课程"共和岛"中提及多次，便可唤起孩子们的注意："等等，当有人说'公平'或'不公平'时，他们到底想表达什么？"在展示板上写下"公平"，问："什么是公平？"给孩子时间，让他们组内或两两交谈。留心出现的冲突，例如一个说公平是"得到你想得到的"，另一个说是"平均分配"或"你所需要的"。为了解冲突，你可以问："如果每个人都平均分配，那么能否人人得其所需？"或者反过来问："如果人人都得其所需，那么可能

共和岛

每个人都平均分配吗？"（见"探究策略"中的"破圈"）

公平吗？

> **拓展活动**
>
> **入侵者**
>
> 如果你想拓展课程，或用到年龄较大的孩子身上，便可让一些入侵者上岛。这些入侵者或者霸气跋扈、抢占强夺，或者温文尔雅、礼貌拜访。孩子们会有何反应？他们会认为自己该怎么做？
>
> **入侵者之旗**
>
> 他们看到了入侵者船上的旗帜。告诉孩子们说，入侵者宣布岛屿属于他们自己。稍晚，你还可以描述一个漂流者在岛上某个地方发现了一面旧旗（或者营地什么的），证明入侵者的确在他们到来之前就发现了此岛。这是否意味着岛屿就真的归入侵者所有呢？他们现在该怎么办？

❀ 帮助孩子发展思维

> **贸易**
> 你还可以使用这一场景来促使孩子们探索贸易及其运作方式。他们将如何同邻岛开展贸易？公平的贸易方法是什么呢？他们需要货币吗？

在线支持

主要哲学
柏拉图与正义（Plato and Justice）
相关哲学
亚里士多德与友谊（Aristotle and Friendship）
亚里士多德与目的论
密尔与功利主义
道德哲学（Moral Philosophy）

> 🔗 **相关课程**
>
> 蚂蚁的生命意义
> 古阿斯的指环
> 青蛙与蝎子
>
> 感谢同行顾问露丝·奥斯瓦尔德为拓展活动"罗尔斯的规矩"提供思路，感谢罗伯特·托林顿为拓展活动"入侵者"和"贸易"提供思路。

古阿斯的指环

> 帮助孩子发展思维

你将怎么做和你该怎么做，有不同吗？

合适 8 岁及以上儿童
星级难度：**

主　题

权力
行善
道德责任

本课哲学

跟前面的故事一样，本故事同样以柏拉图的《理想国》（第二

古阿斯的指环

卷）为蓝本，来探索道德哲学上的一个关键问题："我为什么一定要向善？"柏拉图删除了行为的惩罚性成分，让探索走得更远。也就是说，如果没有被抓住、被惩罚的可能性，我们又会如何回答这一问题？通常，惩罚性成分总是悄悄爬进我们的大脑，这真是不可思议！例如，有人会说，即使我们能够逃脱，还是要好好表现，因为神在看，神知道我们所做的一切。这样一来，惧怕惩罚的动机又进入了讨论。柏拉图想知道在完全没有惩罚风险的情况下，人们会怎么做。这样就凸显了道德哲学家普遍关心的一个话题：人们向善的目的，是为了躲避惩罚、期待回报。柏拉图感兴趣的问题是："人们会为行善而行善吗？"或者："行善本身就是福祉吗？"苏格拉底回答说是。17世纪的荷兰哲学家斯宾诺莎（Spinoza，1632—1677）如是说："福祉不是德行的回报，而是德行本身。"超人的共同特征是无名英雄。这就意味着，是行善的内在价值激励着他们去行善，而不是为了被认可、被报答。记住这一观点，并比较超人、蝙蝠侠、蜘蛛人及绿巨人浩克（the Hulk）。他们的所作所为是出于什么动机？有什么不同？

提示与技巧：道德说教

上哲学课及使用道德概念时，要抵制说教的诱惑。说教并非不可，但哲学探究课要尽力避免。这样，在质疑道德行为观时，可对孩子们的行为与动机提供更广阔有效的挑战，但一定要让孩子们感到不会被抓住或被谴责。如果他们发觉大人在期待某个答案，课程就会被这种期待所左右。

帮助孩子发展思维

引 子

　　假设你是古希腊雅典城里的一位公民，名叫古阿斯，喜欢到处转悠探险。一天，你转悠得比平时更久，远远离开了雅典城，到了荒郊野外。最后你发现一片不知名的林子，便决定探看一番。你在林子里走了几个小时，发现天就要黑了，担心会迷路，便急忙向林外走去，可不久就发现真的迷了路。茫无头绪地走了几个小时，最后你决定在黑暗的林子里过夜，天明再寻路。你发现一个洞穴，顶上是长满苔藓的峭壁，下面是悬崖，洞口几乎被藤蔓与树叶完全盖住。你点亮火把并高高举起，冒险走进黑暗的洞穴。你顺着蜿蜒的通道，走了大约1/4英里，见到一个大型的石室。你将火把探过去，发现石室由六根柱子支撑。远处的石头宝座上出现骇人的一幕：一具尸体。华美的盔甲和只剩骨头的手仍然紧握的宝剑，让你知道他曾是个重要人物。他死去了不知有多少日子了，现正龇牙看着你的只是一具穿着青铜盔甲的骷髅，上面布满灰尘与蜘蛛网。你克制住逃走的冲动，上前去细查这个古王，期望找点什么作为本次奇特历险的纪念。你在骷髅的指骨上发现一个金指环，便摘了下来。这时你的恐惧达到极限，你转身就跑，脚步声在洞穴里回荡，你坚信那是骷髅在追赶。当你跑到洞穴外，才意识到那是你的想象在作怪。你躺下来，想休息一会儿，以便有体力在天明后赶路。

　　你终于回家了，然后却发现一个惊人的现象：当你戴上指环，你，还有你全身的穿戴，都隐形了！戴上指环，就没有人能看得见你。而当你看骷髅王时，他也戴着指环，怎么就不隐形呢？你推断指环要在活人身上才能发挥功能，而那个王是在隐形时死去的。你被这一念头吓得发抖。

可把探究分为好几个步骤，每一步都往本课的哲学中心靠拢一点儿。第一步有些趣味，但也令人深思。

> 任务问题一：你会戴着隐形指环做什么？

把任务问题写到展示板上，并以概念图的形式画出孩子们的反应。有的答案可能会五花八门，从"用它来偷东西"到"别要它，因为它不是你的"都有。有的可能坚守主题，讨论淘气行为与个人回报。你要顶住诱惑，别对这些反馈进行评价（见"提示与技巧：道德说教"）。接下来是一个对照性的任务问题。

> 任务问题二：你认为什么是正确可做的事？

嵌套问题：
- 你应该做正确可做的事吗？
- 你会只做你想做的事吗？
- 任务问题一与任务问题二之间为什么会有不同？

> 任务问题三（柏拉图的问题）：如果没有人认识你，你会做你想做的任何事吗？
>
> 或：如果不会被抓住，你可不可以做淘气的事呢？

探究策略：假设事实

你需要使用拉回策略（见拉回策略、假设事实策略和移除再次植入的概念等策略），为问题保驾护航，以确保孩子们不偏离航向。因此，每当有人无意中再次植入惩罚性成分（不用阻止，免

97

帮助孩子发展思维

得他们后来发现你的意图),你只需假设事实:"如果你知道你不会被抓住,你会想做什么就做什么吗?"

任务问题四:介绍苏格拉底(公元前469—前399)。告诉孩子们,苏格拉底认为,人应该永远行善,因为行善就是福祉,会让人更加幸福。让孩子们思考并说明自己是否赞同这一观点。有争议的是,苏格拉底认为,人们应该行善,哪怕为此遭受巨大折磨。孩子们怎么看待这一观点?

嵌套问题:
- 我们应该行善吗?为什么?

超人的疑问

给孩子们读下面一段话:

假设你是个超人,你会是哪种超人?你拥有什么超能力?你的外表会是什么样子?你会做何打扮?作为超级英雄,你花了大量时间用超能力去帮助困境中的人们,挽救生命,帮助警察将罪犯绳之以法。一天,一个跟你有同样超能力的人来拜访你。你大为惊讶,因为你一直以为自己是这个世界上唯一的超能力拥有者。你们花了些时间,彼此解释自己是如何获得超能的。他建议,你不必再用超能力为别人做好事,你要用它为自己谋福利。他说:"你的首要职责就是做回自己,为什么要浪费时间去帮别人呢?"最后他建议,你们可以强强联合,组成无敌犯罪团队。

任务问题五:你如何回答那位超人?

拓展活动

让孩子们自己发明一个超人（包括力量、服饰），最好画一画。

问问孩子们，他们是否认为自己有力量，列举出来。

任务问题六：他们可以怎样使用自己的力量？他们应该怎样使用自己的力量？

深层任务问题：蜘蛛侠的叔叔——本——曾说："巨大的能力伴随着巨大的责任。"这话有什么含义？

在线支持

主要哲学

道德哲学：康德与责任，边沁与结果论（Moral Philosophy: Kant and Duty; Bentham and Consequentialism）

亚里士多德与美德伦理学（Aristotle and Virtue Ethics）

相关哲学

康德与道德运气（Kant and Moral Luck）

柏拉图与正义

萨特、波伏娃与人性

斯宾诺莎与决定论（Spinoza and Determinism）

苏格拉底、柏拉图与意志的软弱性（Socrates, Plato and Weakness of the Will）

帮助孩子发展思维

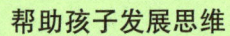

相关课程

共和岛

青蛙与蝎子

比利啪啪

西比系列故事：盗窃案

西比系列故事：谎言

王子与猪

帮助孩子发展思维

适合 5~11 岁儿童
星级难度：*

主　题

幸福
价值
观点
动物

本课哲学

　　本故事的写作基于一个问题："做不满足的人和满足的猪，哪个会更好？"这一主题来自哲学家约翰·斯图亚特·密尔（John Stuart Mill，1806—1873）在其著作《功利主义》中的讨论。这一故事让我们思考幸福的重要性。如果幸福就是一切，也许我们可以选择做一头幸福的猪。然而也许我们不肯做猪，因为做猪会让人失去某些更重要的东西，如尊严或选择的能力。二选其一，我们会认为，无论做一头猪是多么幸福，跟最终要成为人们餐盘里的香肠相比较，这代价也太大了。你也可能会觉得，既然死了，当不当香肠倒也无所谓。以上观点，可让你大致了解本课讨论的走向（这些观点是我在实践中见到过的）。

　　密尔自己的答案是，做一个不满足的人会更好，他认为幸福的质量比数量更重要，而人类有体验高质量幸福的资本。即使猪

王子与猪

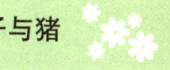

能拥有更多的愉悦、幸福时间更长，在质量上也比不过人类拥有的愉悦，哪怕这人可能一生都郁郁不得意。密尔还相信，对两种可能性进行过论证的人（也就是说，既做过幸福的猪，又做过不幸的人）总会是不愿当猪而愿意做人。他认为，站在不同立场上去考虑这些体验的属性，就可以进行论证了。换句话说，他认为我们不必真的先做猪，后做人，再作答，我们只用考虑这个问题。这就是哲学实践的重要之处：它试图解决可以做什么，怎样做，而且只用思考就足够了。如果你不同意密尔的看法，认为只有做过猪才能有话语权，那就说明你认为这不是个哲学问题。

引 子

从前有一位王子名叫尼古拉，一天到晚都闷闷不乐。他的脾气很坏，对身边的人态度恶劣，还总是感到伤悲。尽管拥有很多漂亮的东西，但他觉得每个人，无论贫富，都有理由比他更幸福。每天他都哭着入睡，尽做噩梦，眉头紧皱。

一天，国王在晚餐时警告他要端正做王子的态度。"有一天你会统治整个王国，"父亲严厉地说，"你必须学习如何像国王一样管理王国。你不能再这样百无聊赖地闲荡下去，否则我要让你妹妹继承王位。你要跟阿尔及亚国的公主结婚以缔结联盟，你要率领军队保护边疆，击退来犯的蛮夷。无论你想不想都要做，这是当国王的责任！"

尼古拉王子情绪恶劣、烦躁不安。他知道宫廷的仓院里很安静，无人打扰，便走了进去。坐在干草堆上，看着院里的动物，他觉得个个都比自己幸福，便想找出谁是最幸福的动物。母鸡们总在

帮助孩子发展思维

为抢食而你啄我我啄你；狗被拴在窝里，有人或有东西靠近便狂吠；猪则显得心满意足，它们用长鼻在泥里哼哧哼哧地拱着，寻找蚯蚓、草根和松露。尼可拉感到自己实在可怜，便气愤地发愿："我希望我是一头幸福的猪。"

凑巧得很，有一个肉眼看不见的过路精灵，正在云端隐身穿行。王子发愿时，精灵刚好听到了。你知道，根据一个古老的律法，精灵们必须回应他们听到的任何愿望。

精灵突然现身，出现在尼古拉王子眼前，让王子大吃一惊，惊慌失措。"这么说，你想当个幸福的猪，不想当不幸福的人。好吧，我可以实现你的愿望。"精灵开心地说，一边举起手指，准备念咒。

"不过……不过……不，等等！"王子结结巴巴地说，这时的他，不知道到底想不想愿望成真。

精灵停下来，说："抱歉，但你发愿被我听到了，我不得不让它成真，这是规定。"

"但我不想变成脏猪，无论幸不幸福！"王子反抗道。

精灵想帮他："我能做的，就是给你一个条件。如果明天我返回来时，你有好的理由，说明做不幸福的人比幸福的猪更好，我就不把你变过去。如果你想不出理由，就要变成猪了，但你做猪时会很幸福地拥有想要的一切，直到死亡降临的那一刻。我给你的时限是明天日落前。"精灵说完就消失了，来无影去无踪。

尼古拉思索着精灵的话。他想啊想啊，想了又想。一个问题萦绕着他："做不幸福的人好，还是做幸福的猪好？"起初，这个问题看起来很简单。但他越想得多，便越觉得难回答。

此刻停一停，让孩子们自己思考这一问题（假设处于尼古拉王子的位置），鼓励他们尽可能多地找赞同或反对的理由。

王子与猪

任务问题一：做不幸的人和做幸福的猪，哪个更好？

这一环节应该构成本课的主体部分。在课程快结束时，留出五分钟时间，以讲述故事的结局。

> **探究策略：想象中的反对者**
>
> 如果你发现孩子对这个问题毫无异议——如都认为做人更好——就可以使用"想象中的反对者"策略，但要和大家一起用。询问孩子们，如果有人觉得做幸福的猪更好，那他会给出什么理由？本策略可鼓励孩子们同时从其他角度看待问题，并使讨论继续且更有趣（大家都毫无异议时，还可使用探究策略——同理心与挑剔）。

第二天黄昏，精灵如期出现。"为什么当个不幸福的人比当一头幸福的猪好，你想好了理由吗？"精灵问道。尼古拉最后一次在大脑里绝望地搜索着，就是找不出理由。精灵尽责地宣布道："现在，根据古老的魔界律法，我必须实现你的愿望。"他像头一天那样挥动着手指："明天一早，你会在仓院里醒来，幸福无比。"尼古拉一想到要长着猪蹄、大鼻子、卷尾巴，并注定一生用嘴脸在泥地里翻拱，就不寒而栗，哪怕会很幸福。

"阿拉卡族姆！"精灵叫着，消失了。

缓慢朗读下一部分以制造悬念，并给孩子时间去综合理解。

黎明降临，小公鸡打鸣宣告着新一天的开始。他慢慢睁开眼睛，看见动物们围在身边。他举起想象中的猪蹄……但是，他只见一只男孩的手！他跑向水井边去照照长着猪鼻的形象，却只见一张小王子的脸。看来精灵戏弄了他。王子立即蹦了起来，幸福地高

帮助孩子发展思维

唱，围着仓院跳舞，热烈地拥抱和亲吻动物们。

现在他发现自己体验了一种全新的情感，这是以前从来没有的。他看着井水，问着自己的倒影："这就是幸福吗？"

> 任务问题或探索问题：尼古拉找到幸福了吗？

尼古拉找到幸福了吗？

嵌套问题：
- 什么是幸福？
- 幸福能常在吗？
- 你如何让幸福常在？

> 探究策略：识别及质疑假设
>
> 本故事的任务问题与故事本身事实上已整合在一起。故事本身是思想实验，它邀请孩子们思考生活中幸福的价值，同时也暗含着对其他价值的思考。讨论中可能会出现一种假设：为所欲为

就会幸福。其推理过程可能如下：

A（孩子）：他应该接着当王子，因为总有一天他会成为国王。

B（你）：为什么当国王重要？

A：因为当了国王，他就可以为所欲为，他就幸福了。

B：你认为，为所欲为就会让你幸福吗？

A：是的。

B：为什么？

A：因此他可以要求人们做事，并让他们替他做事。

在上述讨论中，"为所欲为就会幸福"这一假设变得显性，可作为一个很好的任务问题："为所欲为就会让你幸福吗？"这里还有一个深层的隐性假设：对发言者来说，控制别人是幸福的必要条件。因此，在后来的讨论中，这个孩子可能被劝说去当一只想要什么就能得到什么的快乐猪，可他还是不肯，因为猪不能对别人发号施令。

一旦"为所欲为就会幸福"这样的假设被发现，就把它变成一个任务问题，让讨论进入下一步：质疑假设。把假设摆在孩子们面前，他们会马上发问："你想做的，可能不是别人想要的；别人想做的，可能不是你想要的。因此，为所欲为不一定能永远让你幸福。"（一个10岁女孩如是说）

在线支持

主要哲学
密尔与功利主义

帮助孩子发展思维

相关哲学
亚里士多德与目的论
亚里士多德与美德伦理学
边沁与结果论
萨特、波伏娃与人性

> **相关课程**
>
> 古阿斯的指环
> 金手指
> 青蛙与蝎子
> 快乐的囚徒
> 蚂蚁的生命意义

忒修斯的船

帮助孩子发展思维

忒修斯的船

适合9岁及以上儿童
星级难度：**

主　题

同一性
人格同一性
变化

本课哲学

"忒修斯的船"因被英国哲学家托马斯·霍布斯（Thomas Hobbes，1588—1679）用作思想实验而闻名。故事源自古罗马作

忒修斯的船

家普鲁塔克（Plutarch）。忒修斯是希腊神话中的人物，他在女友阿里阿德涅的帮助下，打败了人身牛头的怪物。

为了从本课收获更多的东西，我们有必要理解思想实验过程中所涉及哲学的精妙之处。阅读全文之前，先看下面的引子，同时要牢记一个嵌套问题："如果说船的所有部分都被更换，它就变成了新船，那么它是从哪一个时间点开始变成新船的呢？"

这里就存在着丰富的哲学，我们此时必须面对"模糊难题"。如果在且只有在所有旧的部分都被更换才算是一艘新船，那是否意味着在最后一块木板没换之前它还是一艘旧船呢？听起来好生奇怪；如果不是这样，它是什么时候开始变成新船的？这个难题就是著名的"沙堆难题"（Sorties Paradox，sorties 是希腊文"堆"的意思）的翻版："多少粒沙子才能堆成一个沙堆？"

> **探究策略："假设事实"与"假设观点"**
>
> 在讨论过程中，若要事情清晰明了，用例子来阐明观点是一个很好的方法。我让孩子们假设船是由 100 个部分组成（为了方便论证）。你可把此方法用在辩论的每一处，让孩子去探索并理解难点所在。例如，有人说更换超过一半，它就是艘新船。你可以把观点"如果"化并验证："让我们来验证一下：如果船的部件有 51 处是新的，49 处是旧的，那么它就是新船了吗？"问问孩子们有什么看法与意见。

在引子呈现时，你若说是用同一材料来更换船的部件，如新木头换旧木头，本课会发生一些微妙的变化。本例子的重点是"同一性"，而如果更换的材料是金属，重点就变成了"模糊性"。我通常坚持给儿童用"金属"版本，便于他们对问题形成概念。用同一种

帮助孩子发展思维

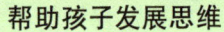

材料来说明两艘船，困难会很大。你可以把引子稍作改变，试试两种不同的版本。

引 子

忒修斯拥有一艘木质船，多年来他乘此船扬帆四海。每当船体要修补时，他就用金属来替换。几年过去了，最后整艘船被翻新了一遍。

任务问题一：忒修斯的船还是当初造的那艘吗？

当你解释场景时，画一个如下的示意图，最好把任务问题附在下方。

A：木质船　　　　慢慢更换　　　　B：金属船
忒修斯的船还是当初造的那艘吗？

某些孩子很可能是唯物主义者，船的不同构成材料会让他们认为这是艘新船："它起先是木头的，现在是金属的。"托马斯·霍布斯对这个问题的反应也属于唯物主义者。对认为金属船就是木头船的人，他建议采用如下新版本的思想实验。

忒修斯的船

船上有一名水手，一直想拥有自己的船，可就是买不起。于是，他想出了一个办法：每当忒修斯用金属更换木头船的部件时，他就把废弃的木头留下并藏在自己的窝棚里。最后，他收集到了所有的木头，并把它们组装成了一艘新船。

任务问题二：现在，忒修斯拥有两艘船还是一艘？哪一艘是忒修斯的船？

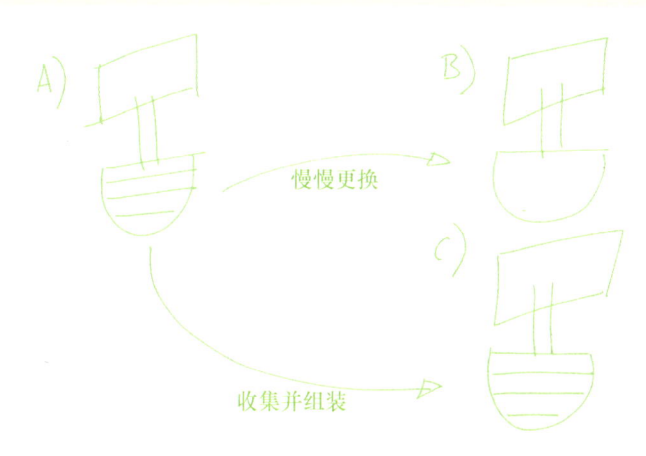

哪一艘是忒修斯的船？

在探究中，你很可能听到下列观点：

● 从第一块木板被更换开始，船就变成了另外一艘，因为任何变化都将导致新的事物生成。在关于"人"的讨论中，你可以用上这样的反馈问题："这是不是说，任何你我身上的变化，例如掉了一颗牙齿，都让你我变成不同的人呢？"

● 只有在最后一块木板被更换完毕，船才变成了新船，才彻底剔除了原船的东西。反馈问题："这是不是说，只要原船还剩最后一块木板，它就还是那艘旧船？"

帮助孩子发展思维

- 如果船的材质突然从木头变成金属，它就是不同的船。如果船是在缓慢变化，它还是同一艘船，因为变化的每一步中，它与旧船息息相关，只是有细小的差别。

虽然船的材料变化了，它的外形、名字、设计都还是一样，所以它还是同一条船。

- 只要人们认为它是同一艘船，它就是同一艘船。

忒修斯的"自我"

某个时刻，你会很想谈谈人类对自我的认识与本讨论之间的关联。如果这一时刻不能在讨论中自然降临，你就要亲自出马让这种关联清晰化。下面是给你的操作建议。

- 出示同一人孩提时和老年时的照片。问孩子们照片中的人是否为同一人，为什么？
- 如果是稍大的孩子（十岁以上），你可以告诉他们，科学家发现人体的细胞（解释一下）每七年左右彻底更换一次，这是否意味着他们每七年就是一个不同的人？

关键性嵌套问题：

什么东西让我们在不同的时候还是同一个人？

可能的回答有：

- 人和东西不同。

反馈问题：

有什么不同呢？

- 人有思想和记忆，而船没有。
- 我们的外形会变化，而个性还是同样的。

> 反馈问题：这是否意味我们的个性不会变化？

可深化探讨的任务问题建议：

> 任务问题三：我们内在的"自我板块"在哪里？

一个 11 岁的女孩回答说："我的'自我板块'，是存在于我大脑里的思想。"（见"在线支持"：笛卡儿与二元论"我思故我在"）

每一次这样的顿悟，都让他们的相关讨论更加深入。

哲学家约翰·洛克（John Locke，1632—1704）认为，记忆让我们与旧日的自我相连，尽管时光流逝，我们还是我们。因此，对洛克来说，让我们保持是同一个人的，不是随时变化的身体，而是历经变化而保持不变的精神生活。

提示与技巧：讨论的具体化与个人化

如果哲学讨论太抽象，或与个人生活经验无关，孩子们就很可能失去兴趣，较好的方法是以具体的例子开头。例如，在本课中，一艘修补过的船可让孩子们探讨的哲学问题有所指向，并易于检测。在某些方面把孩子们本身与讨论相连，可吸引他们对话题的关注。把对船的顿悟与观点迁移到孩子的生活经验中，可让哲学问题活色生香起来。很多孩子先前已思考过这些问题，当他们发现对这些问题的思考有几百年（某些案例甚至上千年）的传统时，他们该会多么的自信！

同时，要谨记不可把讨论个人化。如果有孩子拿另一个孩子来举例，你要温和地请他以虚构的人物来代替。

帮助孩子发展思维

在线支持

主要哲学
霍布斯与唯物主义

相关哲学
贝克莱与唯心主义
笛卡儿与二元论（Descartes and Dualism）
赫拉克利特与变化
莱布尼茨与同一性
苏格拉底、亚里士多德与灵魂论
芝诺、悖论与无穷大（Zeno，Paradoxes and Infinity）

相关课程

椅子
你能两次踏入同一条河流吗？
另一个星球上的你
西比系列故事：安卓（人形）
西比系列故事：重建
你在哪里？
无限填充：形而上学之趣

快乐的囚徒

帮助孩子发展思维

一所应有尽有的监狱

适合 9 岁及以上儿童
星级难度：**

主　题

自由
意志自由
道德责任

本课哲学

　　本课改编自约翰·洛克的思想实验"自愿的囚徒"。它探讨了自由行动与自由意志之间的区别。人们常认为自愿的行动昭示自由

快乐的囚徒

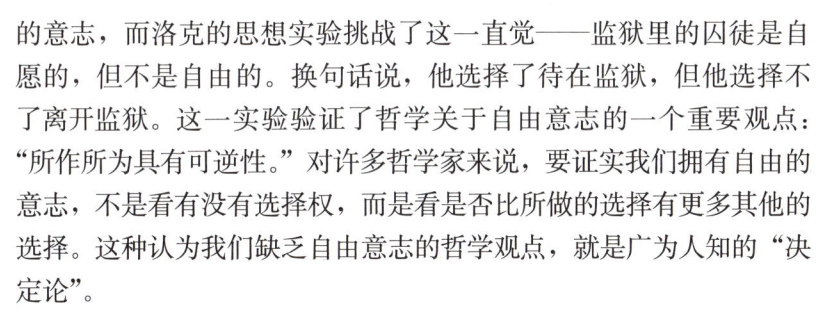

的意志，而洛克的思想实验挑战了这一直觉——监狱里的囚徒是自愿的，但不是自由的。换句话说，他选择了待在监狱，但他选择不了离开监狱。这一实验验证了哲学关于自由意志的一个重要观点："所作所为具有可逆性。"对许多哲学家来说，要证实我们拥有自由的意志，不是看有没有选择权，而是看是否比所做的选择有更多其他的选择。这种认为我们缺乏自由意志的哲学观点，就是广为人知的"决定论"。

本课目标并不是让孩子们理解错综复杂、晦涩难懂的决定论，而是让他们自主探索关于自由的概念，并希望他们借此用自己独特的方法去甄别不同的自由概念。

引 子

想象一个人在睡梦中被抓进了监狱。醒来时，他发现监狱里应有尽有：书本、电视、厨房、舒适的床、他喜爱的音乐，供给源源不断（列举几样他拥有的东西）。他甚至还发现了一个非常投机的室友，他们有同样的喜好，乐于彼此交流。他不可能离开监狱，虽然他也乐意待在监狱，不想离开。现在，我们有这么一个人，他喜欢监狱生活，不想离开，但想离开也离开不了。

任务问题一：这个人是自由的吗？

上这一课时，我听到有人这样回答：
- 这个人不是自由的，因为他不能做他想做的事。

反馈问题：只有能做想做的事，你才是自由的吗？

帮助孩子发展思维

- 这个人头脑自由，但身子不自由。
- 这个人不是自由的，因为一旦他厌倦了监狱里的一切，他不能做其他事。

> 反馈问题：如果他永不厌倦并乐此不疲，那他是自由还是不自由？（见"探究策略：'假设事实'与'假设观点'"）

- 这个人是不自由的，因为他见不到家人。
- 这个人是不自由的，因为家人见不到他（注意这两个观点间的微妙不同：前一条是从他所需的方面来看，后一条是从别人对他所需的方面来看）。
- 从某个方面来讲，他是自由的；从另一个方面来讲，他是不自由的。原因如下：
  * 自由，因为他快乐；不自由，因为他不能离开监狱。
  * 自由，因为他能去监狱里任何一个角落；不自由，因为他不能走出去。
  * 自由，因为他拥有权力；不自由，因为他身陷监狱。
  * 不自由。因为他是囚徒，而"囚徒"就意味着不自由。

提示与技巧：划分区别

孩子们常说（或类似的话语）："从某个方面来讲是，从某个方面来讲不是。"初看好像有些自相矛盾，但这是一个好兆头，说明他们已开始化解讨论中表面上的势不两立（见"探究策略：两分假设"），已开始区分差异，至少是留意到有差异要区分。在此，他们暗示了讨论中的"自由"有不同含义，或引入了不同意义的"自由"。当你疑问他们是否在开始区分差异时，请用

快乐的囚徒

澄清问题的方法（如："你能说说你的……是什么意思吗？"）来进行试探。

任务问题二：我们是自由的吗？
（本问题可在此处运用，也可在下一课使用。）

你要期待孩子们去发现这一事实：因为种种规矩与限定约束着行为举止，我们其实是不自由的。但一个六年级学生指出："虽然世上有规矩，但人们会破坏规矩，所以我们是自由的。"本课应该意识到"做某事的能力"与"道德自由"的重要差异，比如说，我们不能像小鸟一样飞翔，但有违反法律去商店行窃的能力。违反道德进行偷窃需要承担相应后果，但它在我们的能力范围之内。

探究策略：假设观点

在"探究策略"板块我们说过，"假设事实"这一思考策略的宝贵之处在于它可避免讨论中的某些事实所带来的难题。本策略另有一个巧妙用法——假设观点。本课就提供了这样一个深化思考的例子。一个孩子说，囚徒是不自由的，他想走出监狱时（比如说，他厌倦了监狱里的一切），他是出不去的。为了鼓励思考深入进行，你可以说："让我们想想，如果他永不厌倦，永远快乐，永不想出去，他是不是自由的呢？"以此激励孩子深层思考，并得到下面的领悟："不自由，因为他没有做其他事的选择权与机会。"这样，孩子确立了自由的两个关键要素：选择权与机会。你可能会发现这一观点跟洛克相似：自由意志，是指我们不仅有选择权，而且有行动权，选择的大门实际上是开放的。

帮助孩子发展思维

> 你还可以利用假设策略来回答孩子可能提出的场景问题。如果孩子问："囚徒知道他在坐牢吗？"起初你可能觉得有必要回答这问题，但最好的方法是把它变成一个抛回的思维练习："如果囚徒不知道他在坐牢，他是否就是自由的呢？"探究的关键不在于纠结事实，而是让孩子思考假设的事实在思辨过程中意味着什么。要达成这一课堂目标，假设策略是极其有效的途径。

在线支持

主要哲学
洛克与自由意志（Locke and Free Will）
相关哲学
霍布斯与唯物主义
萨特、波伏娃与人性（论选择）
苏格拉底、柏拉图与意志的软弱性
斯宾诺莎与决定论

> **相关课程**
>
> 王子与猪
> 青蛙与蝎子
> 古怪小店
> 比利啪啪
> 西比系列故事：盗窃案

金手指

帮助孩子发展思维

适合 5~9 岁儿童
星级难度：*

主　题

语言
意义
准确与精确
幸福
愿望

本课哲学

　　哲学研究一路走来，先后出现过理性主义、实证主义、存在主义、后现代主义等各种分支与思想流派。20 世纪最有影响的运动之一，就是所谓"分析哲学"。分析哲学是分析语句的结构和意义及其背后的概念，并借此思考哲学自身。许多分析哲学家认为，大多数哲学难题，归根结底是语句的含义及人们与语句的关系。哲学对语言准确性与精确性的要求，激发了本课的设计灵感。本课目标是鼓励儿童进行彼此之间的批判性反驳，体会精确语言的重要性，从而提高自身语句结构和内容的精确度。

金手指

引 子

很久以前的古希腊，有一位名叫迈达斯的国王。他的王国很大，绵延纵横。众所周知，国王迈达斯对金子的热爱胜过世上的一切。他的王宫地库里堆满了搜罗来的金子，他经常躲在里面，一遍又一遍地数金子。

迈达斯国王

迈达斯的王宫花团锦簇，到处是娇艳的花儿、青葱的树木和迷人的雕塑。一天，一个人马怪漫游到花园僻静的一角，躺在草坪上睡着了。园丁们看见了，便想捉弄他。他们悄悄地溜过去，捆住他的手脚，再拿了长棍，戳他、捅他、指指点点、嘲笑他，看他在地上痛苦地滚爬扭动，并以此为乐。

帮助孩子发展思维

　　就在此刻，迈达斯国王走进花园赏花，听到角落里的喧嚣声，便走过去查看究竟。看到园丁对陌生人的所作所为，他暴怒了："住手！"他叫道，"我的王国里不允许有此类事情发生！马上松绑！"

　　园丁们吓得直发抖，既惧怕国王又恐惧即将来临的惩罚。他们马上服从命令，给无助的人马怪松绑。

　　人马怪跪在国王面前，说："陛下，谢谢你把我从屈辱中解救出来。我是神主狄俄尼索斯的仆人西勒诺斯。我主同众神一起住在奥林匹斯山，他会对你给予我的恩惠感到非常满意。"

　　西勒诺斯回到主人面前报告了一切。狄俄尼索斯以洪亮的声音说道："这个迈达斯真不错。为了感谢他救了我的仆人，我要你去满足他一个愿望。只要他喜欢，什么愿望都行，但只能是一个愿望。现在，去吧！"于是西勒诺斯下山返回到迈达斯的王宫。

　　"迈达斯，"西勒诺斯说，"我的主人很满意你的所作所为，愿意满足你的任何愿望，但只能是一个愿望。"

　　迈达斯无须多想就做出了决定。他毫不犹豫地说："我希望我触摸到的一切都变成金子。"

　　"你的愿望实现了。"说完，西勒诺斯转身离开，去回复主人。

　　迈达斯不敢相信愿望就这么成真了。他直奔最近的一座雕像，试着摸了起来。"叮！"雕像在他眼前变成了金子。迈达斯国王吃惊地嚷道："我要成为全希腊最富有的人了！"他想了想，又说："不，我要成为世界上最富有的人了！"

　　迈达斯开始触摸花园里的一切，把它们变成金子。他摸了摸桌子："叮！"雕像："叮！"灌木："叮！"大树："叮！"他摸到的一切都是"叮！叮！叮！叮！叮！叮！"他"叮"了两三个小时，终于停了下了来，这时的花园已经是一派金光灿烂。他揉揉肚子说："这活儿真不容易，让人又渴又饿，我想我该停下来休息休息了。"

金手指

他命令仆人端出丰盛大餐，面包啊、肉啊、葡萄酒啊、水果啊等等，摆在金餐台上。他让人把酒倒进高脚金杯里，自己在金餐椅上坐下，举杯去饮。"叮！"酒刚到唇边，就变成了金子。"我喝不成了！"他叫道。他伸手去拿葡萄，但刚把一粒葡萄从枝上摘下，"叮！"葡萄也变成了金子。"我吃不成了！"他吃惊地瞪着金葡萄。慢慢地，他意识到了一切，他呻吟道："天啊，我再也不能吃不能喝了。我做了什么啊？"他抱住头趴在桌上，哀叹从天而降的厄运。

有一样东西，迈达斯看得比金子还宝贵，那就是他美丽的女儿。当他哀叹着悲惨命运的时候，女儿走过来，看见趴在桌上的父亲。她不愿看到父亲如此焦虑，便想："我知道，爸爸需要一个大大的拥抱和亲吻，这样会让他开心起来。"她悄悄靠近父亲，踩到了一根小树枝——"咔嚓"，国王抬起头，还没来得及说什么，女儿已经拥抱了他。"叮！"就在眼前，美丽的女儿化作了一座凝固的金子雕像，状若亲吻。迈达斯跪在地上大哭："世界上所有的欢乐都离我而去，我做了什么？我做了什么啊？"

在这一节骨眼上停下来。告诉孩子们："我先把故事停一停。别担心，迟点你会发现迈达斯国王的结局。现在，我要大家先思考这一故事，然后讨论并分享各自的看法。迈达斯国王在什么地方出了差错？"

花几分钟让孩子们说说对迈达斯国王差错的思考，允许他们自己去解读故事。如果有人对故事提出问题，让其他孩子来回答。几分钟后，给出下列任务。

"在故事中，迈达斯许了一个愿，他希望他触摸到的一切都变成金子。"把迈达斯的原话写在展示板上。

迈达斯国王："我希望我触摸到的一切都变成金子。"

其下写道："我希望……"

现在对孩子们说："我要你们想象自己就是迈达斯国王。你能

127

帮助孩子发展思维

凝固的亲吻雕像

用另一种不会出错的方法来许愿吗？"或者说："有没有可以避免出错的许愿方法？"边说边指着展示板上的板书"我希望……"。

请孩子们两两或小组讨论，然后分享想法与观点。鼓励他们两两结对，挑出许愿话语中的毛病。这样，当某个人说出一条许愿建议（"我希望，除了食物和饮料，我触摸到的一切都变成金子"）时，鼓励其他人检验这一愿望是否又犯了错误："这样许愿会不会出错呢？"（"会，他女儿还是会变成金子。"）

继续讨论，找出新的许愿句的构成，并询问其他人，这样许愿会不会出错。观察他们对其他许愿句子的反应，而不是急着发现他们怎么许愿。本课的一个目标是鼓励儿童对别人的话语进行明确的反馈。你会发现，一些5～6岁的幼儿会这样许愿：

- 我希望除了食物、饮料和我女儿，我触摸到的一切都变成金子。

金手指

- 我希望除了我需要的东西，我触摸到的一切都变成金子。
- 我希望，我触摸到的一切都变成金子。当我再次触摸，它会变回原样。
- 我希望当我触摸只有我想变的东西时，它就会变成金子。

> **探究策略：概念展示**
>
> 一个5岁孩子给出的建议是："迈达斯应该许愿说，只有物体才可以变成金子。"对此你可以让孩子们进行概念分析。可实现目标的问题："什么是物体？"另一方法是对词"物体"进行"破圈活动"（不可以使用被定义的词来解释定义）。下列的问题可促进孩子进行概念展示：
>
> - 如果迈达斯希望只把物体变成金子，那么哪些东西会变成金子，哪些不会？
> - 某某说迈达斯应该许愿说只把物体变成金子，那么他的女儿后来会怎样？她是物体吗？
> - 葡萄是物体吗？水呢？
> - 我们是物体吗？
>
> 记住，总是用引导问题，如"为什么？""你能说说为什么吗？""你的意思是……？"等等，来尾随上述问题（见"探究策略：打开封闭性问题"）。

在课程结束之前，留出五分钟来讲述迈达斯故事的结局。

于是迈达斯跪地哭泣。他哭了整整三天，精神都要崩溃了。

与此同时，神主狄俄尼索斯——如果你记得的话，就是让迈达斯愿望成真的那位——在奥林匹斯山巅关注着这个悲哀的事件。终于，他叫来仆人说："西勒诺斯，我要你回到迈达斯那里，告诉他，

129

帮助孩子发展思维

我怜悯他。毕竟，让他愿望成真是为了奖赏他做好事嘛。告诉他，我要取消他的愿望。"

西勒诺斯下山去，找到了还跪在那里哭泣的迈达斯。

"迈达斯，"他说，"我的主人怜悯你，要取消你的愿望。不过你要把你变成金子的所有东西再摸一遍，让他们再变回来。"

"向你主人转达我的感激！"随着话音，国王立马跳了起来去触摸女儿。他把女儿亲了又亲，然后着手把王宫和花园里所有被变成金子的东西再变回来。这一次，每当他触摸一样东西时，不是"叮"的一声，而是"哗啦"！

把东西变回原形比把它们变成金子花的时间更长。当他完成了这一切，迈达斯没有要求满足另一个愿望。一切都回到原样，女儿也变回原样了，对此他感激不尽。而且，正如你猜到的那样，迈达斯不再喜欢金子了。他决定拿出积蓄多年的金子，分给王国里的穷人。

嵌套问题：
- 当你得到了你想得到的，你会开心吗？
- 如果你可以许一个愿，你敢许吗？你会害怕许愿吗？
- 如果有人说："我希望，我触摸到的一切都变成金子。但当我不想它成为金子时，我可以把它变回原样。"这是一个愿望，还是两个愿望？
- 愿望是什么？
- 我们能让愿望成真吗？

在线支持

主要哲学
弗雷格、罗素与逻辑（Frege，Russell and Logic）

相关哲学
亚里士多德与逻辑三段论
密尔与功利主义

> **相关课程**
> 蚂蚁的生命意义
> 王子与猪
> 金字塔的影子

青蛙与蝎子

帮助孩子发展思维

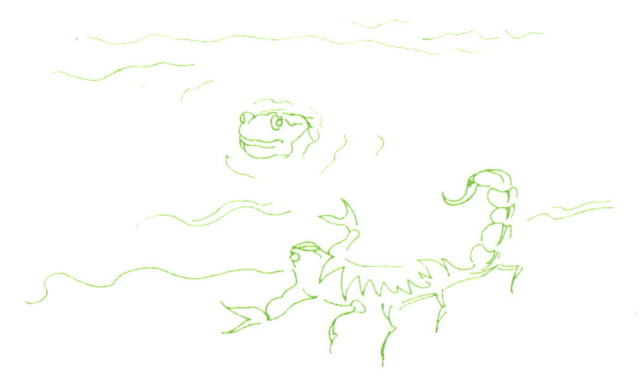

保持着安全距离的青蛙

适合任何年龄段儿童
星级难度：*

主　题

天性与教养
自由意志
选择
道德责任
利己主义
自我控制
意志的软弱性

青蛙与蝎子

本课哲学

　　这是一个蕴含着丰富思考材料的传统故事,其原作者已湮不可考,虽然有人认为它来自《伊索寓言》。本故事的精妙之处在于,两个主角陷入的胶着状态能引起人情感上的共鸣,也没有明说故事该如何解读。此外,它富有哲理,凸显的中心思想(虽然也有不少其他看法)是天性对道德责任观念的冲击。它似乎表明,既然内在力量与动机决定着我们的性格,我们也许不用为自己的行为负道德责任。反之,如果能够对自己的行为进行自由选择,我们不是要为这些行为负全部责任吗?或者说,我们的选择与责任之间的关系存在其他理解途径?不要试图让孩子们理解上述的一切,让他们用自己的方法来探讨这些话题好了。

引　子

　　一天,一只蝎子急着渡河回家,但它不会游泳。蝎子看见一只青蛙在河里游着,便问它是否愿意帮个忙。青蛙说:"呱呱!你是蝎子,蝎子会蜇青蛙的。呱呱!"

　　蝎子回答道:"我需要你的帮助,所以今天我不会蜇你。"

　　"那我怎么知道——呱呱!——你会不会先不蜇,到我背上后再蜇呢?"青蛙问道。

　　"因为那样的话,你就会下沉,在你背上的我也会被淹死。"蝎子分析说。

135

帮助孩子发展思维

"那我怎么知道——呱呱！——你会不会先不蜇，到了对岸再蜇呢？"

"因为我对你万分感激，我欠你一个情。"蝎子保证说。

"那我怎么知道——呱呱！——无论如何你都不会蜇我呢？"

"我说话算数。"蝎子说。

青蛙想了想说："好，我相信你。跳上来吧。"

青蛙游向岸边，露出背来。蝎子爬上去，青蛙就开始渡河。刚到河中央时，青蛙突然感到背上一阵尖锐的疼痛，它意识到自己被蝎子蜇了。拼尽最后的力量，它问："你为什么这样做？现在我们都要死了。"

蝎子回答道："真对不起。我忍不住——这是我的天性啊。"随即青蛙和蝎子都沉到了河底。

> 任务问题一：青蛙和蝎子之死，你认为谁该受到谴责？

嵌套问题：
- 什么是谴责？
- 什么时候某事是某人的错？
- "过错"与"责任"是同一意思吗？
- 如果你情不自禁地做了某事，那是不是你的过错？

一些人会谴责青蛙，说它不该让蝎子跳到背上，它应该对此有清楚的认识；一些人会谴责蝎子，说它没有遵守诺言；还有一些谁都不谴责，因为青蛙被说服了，而蝎子是按直觉行事。我还听到了一个见解，说蝎子没有打破诺言，因为它是真心许诺的，而且尽力去控制它的天性。问题是它没能成功驾驭天性，而不是违背了诺言（见"在线支持"：苏格拉底、柏拉图与意志的软弱性）。

青蛙与蝎子

强盗与艄公

> 适合 7 岁及以上儿童

设计这个"青蛙与蝎子"改编版的目的，是让孩子们从道德的观点去思考人与动物的不同。

一天，一名强盗要逃避被抢农夫的愤怒追捕，急需渡河，但他不会游泳。强盗看见艄公在河边等生意，便问他是否能帮忙。艄公认出这个人就是臭名远扬的强盗。看见强盗手上拿着刀，他说："你是强盗，强盗是会打劫的。"

强盗回答说："我需要你的帮助，我今天不会打劫你。"

"但我怎么知道，你会不会先等着，直到对岸再打劫？"艄公问。

"因为我对你万分感激，我欠你一个人情。"强盗保证说。

"那我怎么知道你无论如何都不会打劫我呢？"艄公怀疑地问。

"我说话算数。"强盗说。

艄公想了想说："好，我相信你。上来吧。"

于是强盗爬上船来，艄公开始摆渡。当他们到达河中央时，艄公突然感到身上一阵剧痛。他意识到自己被强盗捅了一刀，钱袋子也被抢了。拼尽最后的力气，他问："你为什么这么做？现在我们都完蛋了，河水会把我们两个都淹死的。"

强盗回答说："我忍不住——这是我的天性。"随着这些话，咆哮的河水把他们二人吞没了。

> 任务问题二：强盗和艄公之死，你认为谁该受到谴责？

帮助孩子发展思维

嵌套问题：
- 你的答案与前面（青蛙与蝎子）的答案不同吗？为什么？
- 故事的主角变成了人，会让你改变谁该受到谴责的观点吗？

深层思索：
- 如果你的朋友揍了你，你的伤与痛是朋友的错吗？
- 如果你的猫挠了你，你的伤与痛是猫的错吗？
- 如果你往椅子上坐，它突然散架，那么你摔疼了是椅子的错吗？

朋友与贼

适合9岁以上儿童

这个故事与前面的"青蛙与蝎子"形成鲜明对比。除了前面所探讨的，它还涉及社会问题。

从前有两个自孩提起就十分要好的朋友，随着年龄的增长，他们的人生道路开始分岔。本接受了良好的教育，读了大学；杰夫则走上了犯罪的道路。一次大型的盗窃案中，杰夫被抓进牢房，监禁了多年。终于，他出狱了，便给唯一的朋友本打电话说，他想重新回到生活的轨道，并发誓要把犯罪生涯遗忘。本说，如果杰夫能遵守誓言，他愿意提供帮助。本给了杰夫足以维持四个月生活的钱，并提供了免费住所，让他住在自己家里，直到找到工作自食其力为止。本的家里藏有一大笔积蓄。一天下班回家，他发现钱不见了，杰夫也随之消失了。桌子上留有一便条，上面写道："对不起，让你失望了，但我实在忍不住要偷——它是我的天性。有一天，我会还你的。——杰夫。"

青蛙与蝎子

任务问题三：杰夫本来可否阻止自己去偷本的钱？

嵌套问题：
- 从道德上讲，人类是否与蝎子有所不同？

阅读并讨论这些故事时，我给孩子们介绍了三位哲学家和三种相关的思想，以便于他们集中思考。

哲学：人性

1. 叔本华："固定的性格"——我们有何种性格，是何种人，决定了我们做何种事。我们不可能改变自身的性格。

2. 萨特："个人选择"——我们能够自由选择做何种事，以及成为何种人。

3. 亚里士多德："学得的习惯"——我们从朋友及父母处学习或继承某些习惯。如果我们想改变某种习惯——可以——但有一定难度。

一些人同意叔本华的看法，认为人性存在于"头脑的某个地方"（一个孩子曾这么说），但大多数人认为它是以上三种的混合，至少有两种（"选择"与"习惯"）。他们认识到选择的重要性，但由于个人背景的原因，选择不一定是件容易的事。

在线支持

主要哲学
洛克与自由意志

帮助孩子发展思维

相关哲学

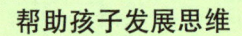

亚里士多德与目的论

康德与道德运气

道德哲学

萨特、波伏娃与人性

苏格拉底、柏拉图与意志的软弱性

苏格拉底、亚里士多德与灵魂论

斯宾诺莎与决定论

相关课程

蚂蚁的生命意义

古阿斯的指环

快乐的囚徒

古怪小店

比利啪啪

西比系列故事：盗窃案

西比系列故事：谎言

古怪小店

帮助孩子发展思维

你确信它以前不在那里

适合 10 岁及以上儿童
星级难度：**

主　题

未来
自我
选择
自由意志

本课哲学

本故事由哲学家阿尔文·戈德曼（Alvin Goldman）的思想实验"生命之书"改编而成。阿尔文·戈德曼的实验以"决定论"这

古怪小店

一哲学教义为背景，探讨了人类自由的本质。决定论认为，世上没有所谓自由选择，因为一切发生或即将发生的事（包括决定与选择），都会被此前发生的偶然事件所左右。决定论深奥晦涩，难解难学，而本思想实验把课题放进了我们的未来这一背景之中。未来是固定不变的吗？它对我们的自由选择观和自我决定观有什么启示呢？本课有利于孩子们思考未来，认识未来的可控程度。

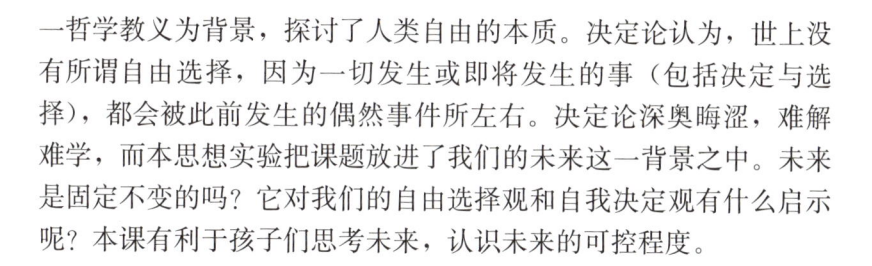

引 子

　　想象在你家附近有一排小商店。你多次光顾，在那里买牛奶、面包什么的。一天，路过这些商店时，某些特别的东西突然吸引你的注意。你驻足观看，发现一家狭窄的店面冒出来了，夹在你熟悉的两家小店之间。你确定以前这家小店并不存在！你决定探查一番，便朝它走去。店面看起来很古老，弧线状向外突出，装有很多方格形的窗框，窗的右边是一扇窄窄的门。窗玻璃的后面，是成排成排的古书。小店看起来似乎关了门，但你注意到里面有一线光透了出来，便决定进去看看。门上的小铃叮当作响，宣告着你的光顾。店里一片黑暗，布满灰尘。角落处有一盏灯，灯旁有一位老人，眼镜半架在鼻梁上。听到你的动静，他从书本上抬起头来。你仿佛看到他拉扯着薄嘴唇，露出了一丝浅笑，还打手势请你随便看。

　　你首先注意到的是数量可观的书，成百上千地躺在书架上。它们塞满了一个个房间，那些房间好像还在向店里面不停延展。这些书种类繁多、文字迥异，似乎每种语言都有。你所知道的各种书都在，还有更多你没看过的。不久，你发现你自己置身于传记区。你看到书脊上烫有不同的名字，闻名遐迩的、默默无闻的，都有。接着，你发现了一些你熟悉的名字，例如学校的老师和朋友。"奇

143

帮助孩子发展思维

怪!"你想。按照字母顺序,你找到了写有自己名字的传记。它就在那里,挤在众多书本之中,静静看着你。你好奇心大发,伸手把书取下,发现它厚得很。你吹了吹封面上的尘埃,翻开首页。你惊讶地发现故事从你出生的第一天讲起。你对第一章的大部分一无所知,因为那时的你没什么记忆。但有几个故事很熟悉,父母曾反复告诉过你。几章之后,你开始回忆起书中描述的事件。它们都精确得无以复加,你的感受,你以为无人知道的内心活动,都一一记录下来,真令人难以置信啊!

你站在那里慢慢翻看,一页页地仔细阅读,忘记了时间的流逝。你读到的每一件事,都那样地精确与真实!最后,你到达了今天早上这一章节。书中描述你醒来,吃早餐,以及接下来的种种事情,直到你来到商店区,注意到这个样子古怪的地方。它准确地描述了你如何走上前来探看,你打算走进店里时的内心思想;它描述你看见了老人,然后扫描书脊上的名字;它描述了你如何寻找自己的名字,并阅读你的生命之书。每一个句子都慢慢地向你现在的故事靠拢。当你读到此时此刻,文字到了尽头,该翻页了。你还没读完书的1/4,但要读到更多,你必须翻开下一页⋯⋯

任务问题一:那么,你决定怎么做?请解释你为什么要如此决定。

让孩子们自由讨论,同时寻找导入下一部分的时机。它可能会向形而上学方面发展,或者向伦理学方面发展。

> **哲学:形而上学、认识论,还是伦理学?**
>
> 尽管哲学错综复杂、博大精深、难以定义,我们还是可以从

古怪小店

某些地方着手。一个杰出的定义是：哲学是"关于思考的思考"。这一定义抓住了哲学的判别元素："我们为什么会这么思考？"或者："我们这样思考，有好的理由吗？"哲学是从思考本身的观点来判别我们的思考过程。哲学判别用的不是证据，而是思考的逻辑过程。换句话说就是：我的思考有意义吗？逻辑上一致吗？

哲学主要可分为三个部分：形而上学、认识论、伦理学。广义上说，就是"物质构成（形而上学/现实）""我们所知道的物质构成（认识论/知识）""物质构成有何意义（伦理学/价值）"。讨论如果与是否应该做某事有关，它就在伦理学的范畴，因为它涉及价值观及后果。讨论如果跟我们的认识及启示有关，它就在认识论的范畴。如果不涉及价值观和知识，只是讨论物质构成和构成形状，我们就进入了形而上学和现实的范畴。下列三个来自讨论的例子可作为线索，让你从哲学的角度，看看讨论到底走到了哪里。

- "翻开下一页是错误的。我们不应该知道自己的未来，只有神才能知道我们的未来。"（伦理学）关键词："错误""不应该"。
- "我们不可能知道自己的未来。如果我们知道了自己的未来，就会改变它，这么一来，我们就又会不知道未来。"（认识论）关键词："知道"。
- "未来不是固定的，下一页将会是空白的。我们的行动在掌握和书写自己的未来。"（形而上学）关键词："未来不是……"

在讨论中途或合适的时机，可询问学生下面的多项选择题：

任务问题二：如果翻开下一页，你认为会发现什么？
1. 可能已写到结尾了吗？

帮助孩子发展思维

2. 可能会随着你的行动而书写下文吗？
3. 可能是空白页吗？
4. 已经写好，但可能随你行动的改变而改变吗？
5. 可能发现些其他东西吗？

嵌套问题：
- 此书的作者是谁？

探究策略：多项选择

有时我们需要引入多项选择，为课程导航，给孩子们提供思路。对某些不积极动脑的小组来说，多项选择有利于他们动起来。对其他小组来说，第一个任务问题就足以让他们思索与讨论了。虽然如此，有时讨论会偏题到不相干的领域，至少不是在哲学领域。你可能因种种理由而听之任之。若要把讨论方向纠正到哲学领域上来，你有多种方法，其一是用拉回策略把孩子们拉回到任务问题上来。但有时这样做还不够，与其说它是偏题，倒不如说它是用了非哲学的方法来分析问题。那么，设立多项选择就可以让小组重新聚焦目标（见"探究策略：'假设事实'与'假设观点'"）。多项选择还能帮助维持孩子们对课程的兴趣。例如，长达一小时的课程，若仅仅只设了一个问题让孩子去谈，他们会感到兴味索然。人数多的小组，孩子等待发言的时间更长，就更会厌倦。多项选择提供了清晰的任务与目标，你可先在小一点的组里进行限时的实验，再拓展成大面积探究。

古怪小店

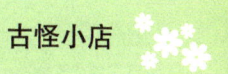

在线支持

主要哲学
圣奥古斯丁与时间
相关哲学
亚里士多德与目的论
洛克与自由意志
萨特、波伏娃与人性
斯宾诺莎与决定论

相关课程

蚂蚁的生命意义
快乐的囚徒
青蛙与蝎子
比利啪啪
西比系列故事：盗窃案
"永远"的尽头
你在哪里？

金字塔的影子

帮助孩子发展思维

适合 9 岁及以上儿童
星级难度：**

主　题

论证
智慧
疑难解析
诡辩术

本故事的主人公为历史人物泰勒斯（Thales，公元前 624—前 546），有史料称他是古希腊的第一位哲学家。故事中的某些事例源自他的真实成果，月食预测和利用影子测量金字塔的高度均为其中一部分，虽然这些故事的历史真实性尚存争议。泰勒斯是前苏格拉底时代的哲学家之一。对于大部分前苏格拉底哲学家，人们的了解源自公元前 3 世纪第欧根尼·拉尔修的著作《哲学家的生活》。据说，泰勒斯还提出了"水是组成世间万物的基本物质"这一观点。

本课哲学

本故事设计精心，蕴含了哲学方法的几个显著特征。第一，为了回答法老的三个问题，哲学家提供了三个以答案为形式的正式论证（见以下内容或"支持网站"）。我把这些论证从故事中剥离出

金字塔的影子

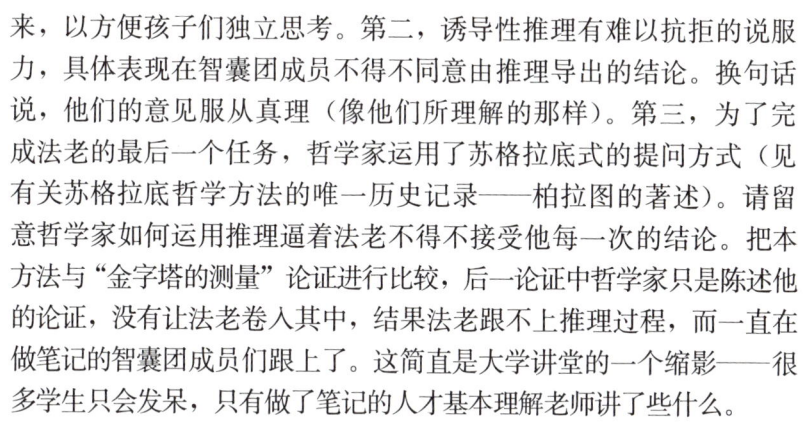

来，以方便孩子们独立思考。第二，诱导性推理有难以抗拒的说服力，具体表现在智囊团成员不得不同意由推理导出的结论。换句话说，他们的意见服从真理（像他们所理解的那样）。第三，为了完成法老的最后一个任务，哲学家运用了苏格拉底式的提问方式（见有关苏格拉底哲学方法的唯一历史记录——柏拉图的著述）。请留意哲学家如何运用推理逼着法老不得不接受他每一次的结论。把本方法与"金字塔的测量"论证进行比较，后一论证中哲学家只是陈述他的论证，没有让法老卷入其中，结果法老跟不上推理过程，而一直在做笔记的智囊团成员们跟上了。这简直是大学讲堂的一个缩影——很多学生只会发呆，只有做了笔记的人才基本理解老师讲了些什么。

后来，法老用了"滑头"（sophisticated）一词来描述哲学家的论证。这个词可谓精心选择，因为其论证近于诡辩术，单词"sophisticated"就起源于"sophist"（诡辩术）。柏拉图强烈反对诡辩术，他认为诡辩者只是用玩弄文字技巧的方法赢得辩论，而不是运用哲学的方法去发现真理。柏拉图采用了诡辩者的概念对比招数（如"大"和"小"）进行了说明。关于哲学家论证的分析，见下面简略评析。

最好不要用本故事作为讨论的引子，用"大与小"概念比较的后续作为引子就好。我的建议如下：

以提问开始（并写在展示板上）。

任务问题一：多大才是大？

本问题源自游戏"20个提问"，当孩子们问我："它大吗？"我说我不知道如何作答（见罗伯特·费希尔著名的《思考游戏》中的相关规则。详情见参考文献）。然后我问孩子们，为什么我不知道如何作答。"大有多大？"就来自那场讨论。本问题的麻烦是缺少参照物，因此你没办法回答某物有多大。你能够回答"比我大吗？"，

151

帮助孩子发展思维

但严格说来不可能回答"它大吗?",虽然它表面上看来可以回答。抵制诱惑,别把这一切倒出来给孩子。

我发现一旦开启了类似的探索,孩子们就能想出相似的解决方案来回答法老所提出的问题,而此时我还没来得及说出哲学家的方法呢。孩子们很喜欢这个故事,因为它看起来用了实效性方案解决了不可解决的难题。接下来孩子们会思索:他们起初看起来的实效性方案真的具有实效性吗?

引 子

古时候,有一位哲学家从希腊来到埃及,想找个智者的活儿干。没过多久,整个埃及都在盛传他的本领。据说他成功地预测了一次月食,这是前所未有的事情。他名叫泰勒斯。

本来法老一直被认为是埃及最聪明的人——当然啦,人们不得不这么说,否则会被砍头。当听说有一个希腊人比他更聪明,法老很不开心,便召哲学家进宫。

每个人都必须听从法老的召唤,于是泰勒斯来到王宫。法老说:"这就是大家嘴里盛传的全埃及最聪明的人?你不就是个从希腊来的哲学家嘛。我有三个任务给你,敢应战吗?"

泰勒斯微笑着搓了搓双手,回答说:"能啊,我最喜欢挑战了。"

泰勒斯明显的兴奋劲儿让法老恼怒不已。他想出了一个任务。多年来,他一直叫人去完成这一任务,却始终无人能够做到。

"看那座大金字塔,"法老指着耸立在王宫远处的巨大建筑,"我要你测量它的高度。没有人成功地做过这件事。我要你明天带着结果回到这里。我的智囊团会验证你是否完成了任务。去吧!"

然后,他轻飘飘地加上一句:"完不成任务,你就会掉脑袋。"

金字塔的影子

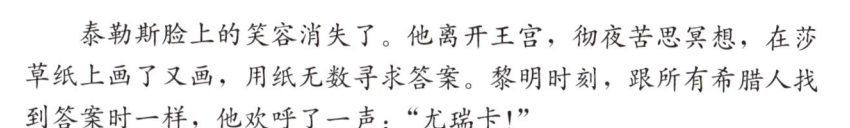

泰勒斯脸上的笑容消失了。他离开王宫，彻夜苦思冥想，在莎草纸上画了又画，用纸无数寻求答案。黎明时刻，跟所有希腊人找到答案时一样，他欢呼了一声："尤瑞卡！"

当晚他到达法老的王宫。"啊哈，找到办法了？"法老得意洋洋地问，他认为泰勒斯没能完成任务，至少没这么快。

"是啊。它刚好400步高。"哲学家的回答让法老错愕不已。

"什么？"法老大叫一声，智囊团成员都吓得惊跳起来。他镇定了一下，说："告诉我你是怎么得到这个数字的。如果你的解释不能让我的智囊团满意，答案就无效！"这时，智囊团的成员们都侧耳倾听，并开始记录。

泰勒斯清了清嗓子，清晰缓慢地说："首先，我站在金字塔附近的一片开阔地上，能清楚地看到我的影子。太阳如常在空中慢慢移动，我等待着，直到我的影子跟我的身高相同。这时，金字塔影子的长度一定等于它的高度。然后，我要做的，就是去数沙地上的记号到金字塔底的步数。要获得精确的高度，必须到金字塔的中心。我将它的一侧用脚步量过，并以其半数加上影子的长度。现在，根据我的推理，你不用走出去亲自丈量，就知道我是对的。"

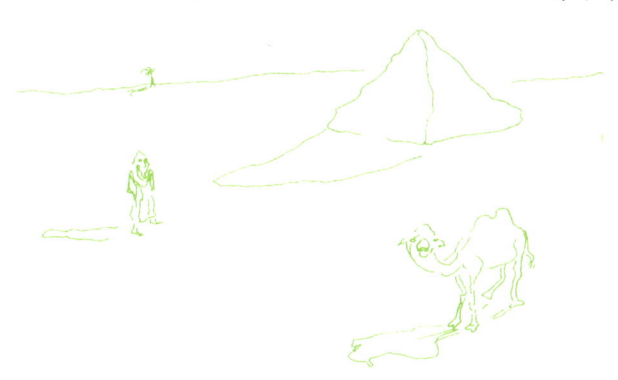

153

帮助孩子发展思维

智囊团成员们一直在记录着、倾听着。泰勒斯陈述完毕，他们围成一个圈商量起来。赞同，反对，再赞同。最后，他们转向法老说，这种计算方法完全正确，泰勒斯的确完成了任务。法老开始没明白哲学家的论证思路，当他意识到他必须同意智囊团的裁定时，气得面红耳赤。他迅速地（确切地说，轻率地）在脑海中找了个他认为哲学家绝对不可能完成的任务。他对跟前的顾问耳语了一阵，顾问走了出去，很快又带了一头大象和一只关在笼子里的老鼠回来。

"第二个任务，"法老说，"我要你让这头大象和老鼠一样小。哈！现在，去吧，明天晚上带着答案回来，否则……"法老慢慢地用指头划过喉咙，哲学家紧张地咽了咽口水。"这次，我可把他难住了。"法老想，"人们不可能把大象变得跟老鼠一样小的，这绝不可能！"

于是，泰勒斯再次回到自己的屋子，想了画，画了又想。太阳出来了，他想出了一个办法。他再次叫道："尤瑞卡！"

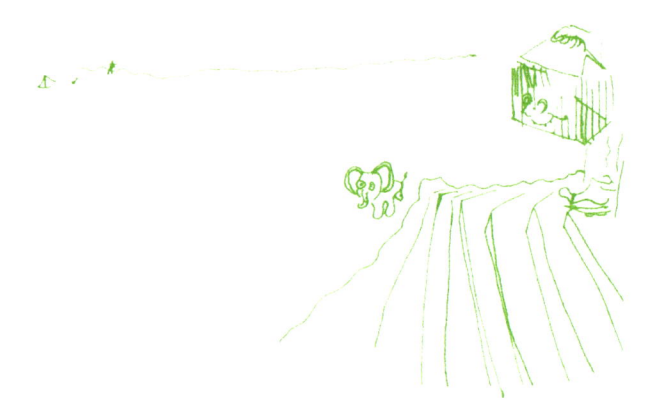

大象和老鼠一样小

问问孩子们，他们认为哲学家想出了什么办法。然后接着讲故事。

金字塔的影子

当晚，法老再次等着答案，哲学家再次如约出现。智囊团成员们手里拿着鹅毛笔，站在一边，期待着。

"把大象变得像老鼠一样小！"法老双手交叉，抱在胸前，命令道。

"好。"泰勒斯平静地说。他提起老鼠笼，请法老跟着自己。于是，狐疑满腹的法老跟着泰勒斯，智囊团成员们跟着法老。

泰勒斯带着众人向金字塔上走去。他伸出老鼠笼，眯着眼睛往下看，好像在计算着距离。"还没有。"他喘着气又向上走去。法老气喘吁吁地跟随着，想不通泰勒斯到底要干什么。他叫人建这该死的金字塔时，可不是打算给自己爬的！终于，哲学家停下来，伸出老鼠笼，眯着眼说："行了，过来看吧。"法老与众人围着哲学家朝着他指的方向看去。从他们站的地方看，塔底的大象真的就像笼子里的老鼠一样小。智囊团成员们商议完毕，对法老说："陛下，看来他的确做到了让大象和老鼠一样小，因为物体的尺寸会随着与目测者距离的变化而发生变化。现在我们就处在一个让大象和老鼠尺寸大小一样的距离。"这一次，他们的声音里有一丝不安。"我们是智囊团，必须忠于我们的第一主人——真理。如果看起来是真的，推理起来有道理，我们不能撒谎。"他们补充着，试图向满脸怒气的法老自我辩护。

法老决定想一个更难的挑战。他狂怒地回到王宫，开始阅读王国里能找到的所有哲学书——总共两本。

第二天，他最后一次叫来哲学家。"很好，"他恼怒地说，"我已读完所有关于你们希腊哲学家的书。你们的人说，有一件事绝不可能，那就是你不可能让一件事同时既正确又错误，所以你不能同时既存在又不存在。你要是真聪明，就让我看看某个同时又正确又错误的东西。"

法老得意地笑着，泰勒斯则首次看起来忧心忡忡。他满腹心事

帮助孩子发展思维

地回到自己的房间苦思冥想,深知性命攸关的时刻到了。

太阳出来了,哲学家的房间里没有传出"尤瑞卡"的叫声。他真的被邪恶不公的法老击败了吗?太阳在苍穹上缓缓滑过,仍然听不到"尤瑞卡"的叫声。终于,太阳开始落山了。

黄昏里,低垂着头、精神萎靡的泰勒斯拖着沉重的脚步,走进了法老的宫殿。法老心中暗喜。智囊团成员们手持鹅毛笔站立等待着,像一支行刑队。

"找到答案了吗?"法老问道。

泰勒斯抬起头来,准备回话。就在这时,他注意到笼中的老鼠和仍系在树上的大象,它们与金字塔的阴影并肩伫立。金字塔的影子先前挽救了他,现在又来救他了。这三样在一块儿的东西让他突然灵光一现,他微笑了,叫道:"尤瑞卡!"

每个早晨找到解决方案的泰勒斯都这么叫,让法老憎恶之极。智囊团的成员们身体前倾,耳朵向哲学家方向伸了过去。

跟前面一样,给孩子们一个思考的机会,并预测泰勒斯的答案,然后继续讲故事。

"法老,你看,"泰勒斯说道,"跟老鼠比起来,大象很大,对吗?"

"那是当然!"法老厉声回答说。

"跟金字塔比起来,大象不大,是吗,法老?"

"那是当然!别再说这些显而易见的蠢话!说你的答案!"法老大怒起来。

"接下来的推断就一定是这样:大象同时既大又不大。不是吗?"

法老觉得上了哲学家的圈套,便把求救的目光投向智囊团。而那些聪明人,在不断点头,说:"是啊,接下来的推断就是这样的,法老。"

哲学家欢快地说:"现在,我可以给你看某个同时既正确又错误的东西。"他指着大象继续说:"跟老鼠在一起,大象大,这是正

金字塔的影子

确的；跟金字塔在一起，大象大，这是错误的。现在，大象跟两样东西在一起。所以，事情一定是这样的，此时此刻，'大象大'这句话既正确又错误。"说完，他如释重负地轻叹一声。

智囊团成员们聚在一起，商议着哲学家的论证过程。终于，喃喃低语停了下来，他们转向法老道："陛下，他的逻辑毫无瑕疵。我们不得不同意，他做到了给你看同时既正确又错误的东西。"他们战战兢兢地说完判决。暴怒中的法老逼视着他们，看起来比金字塔还要高大。

突然，法老平静下来。"你的确是个聪明的哲学家。"他转向哲学家道，"你的论证也够滑头。所以嘛，我承认你的聪明劲儿的确超过了我。不过，我认为你还是不够聪明得能保住自己的性命……"

法老想了想，说："我要砍你的头。卫兵，带下去！"

须臾之间，哲学家的脑袋落了地。这么看来，哲学家有学问也够机灵，但是不是像智囊团成员们认为的那样聪明，就不清楚了。

哲学：论证

论证（名词）：(1) 通常指不同或相反意见的激烈交换；(2) 提供一个或一些论据，以支持一个论点。

哲学中的"论证"，不是第一种解释，而是第二种所描述的有关技术层面的解释。论证就是提供一个或一些论据，以支持一个结论。职业哲学家穷其一生去评判取舍各种论证的优缺点，那些论证比本故事复杂多了（见"在线支持"：亚里士多德与逻辑三段论）。

记住：当孩子们在论证路上摸索时，你只用把这些记在脑子里，而不是一股脑儿倒给他们。

帮助孩子发展思维

🌙 故事中的论证

为了回答法老的三个问题，哲学家提供了三次论证。首先，把三个问题逐个复述，问孩子们是否记得每个问题的答案。然后，问问他们是否觉得哲学家的答案是好答案，再次把问题逐个问一遍。让孩子们扮演智囊团成员。你也可以把论证写在展示板上，或打出字幕，让孩子们看得更清楚些（三次论证都可在"支持网站"查找）。

> 首先，我站在金字塔附近的一片开阔地上，能清楚地看到我的影子。太阳如常在空中慢慢移动，我等待着，直到我的影子跟我的身高相同。这时，金字塔影子的长度一定等于它的高度。然后，我要做的，就是去数沙地上的记号到金字塔底的步数。要获得精确的高度，必须到金字塔的中心。我将它的一侧用脚步量过，并以其半数加上影子的长度。现在，根据我的推理，你不用走出去亲自丈量，就知道我是对的。

图解如下，帮助孩子们理解。

问问孩子们，有没有其他的解决方案。

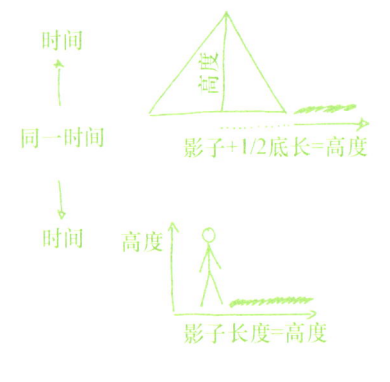

金字塔的影子

金字塔的影子

论证二不是哲学家提出的,而是智囊团的成员们看到哲学家提出解决方案时得到的。结论在"因为"两字之前,论据随后。

> 陛下,看来他的确做到了让大象和老鼠一样小,因为物体的尺寸会随着与目测者距离的变化而发生变化。现在我们就处在一个让大象和老鼠尺寸大小一样的距离。

本论证的症结所在,是智囊团成员们混淆了"看来"的尺寸变化与实际的尺寸变化。下面有两个很好的任务问题。

> 任务问题二:哲学家真的让大象与老鼠同等尺寸了吗?
> 任务问题三:你如何得知大象的真实大小?

最后一个论证中,结论在"所以"两字之后,论据在前。

> 跟老鼠在一起,大象大,这是正确的;跟金字塔在一起,大象大,这是错误的。现在,大象跟两样东西在一起。所以,事情一定是这样的,此时此刻,'大象大'这句话既正确又错误。

本论证的症结显而易见:"大"是一个相对概念;大象大,这是正确的,因为相对一件事物;大象大,是错误的,因为相对另一件事物。这两个陈述事实上指向不同的事物状况,也就是说,大象对应了不同的东西。因此,用亚里士多德的话来说,相对于同一事物,如老鼠,大象是不可能同时又大又小的。故事中的法则,就是亚里士多德的"矛盾律"——某个命题不可能同时又正确又错误。严格说来,亚里士多德与泰勒斯生活在不同时代,因此我没有在故事中提及他的名字。

深化探讨

本故事中,隐含着"聪明或智力"与"智慧"之间的区别。下列任务问题供参考。

帮助孩子发展思维

任务问题四：什么是智慧？
（只需直接发问，并制作概念图，帮助讨论）

任务问题五：显而易见，哲学家非常聪明，为什么他不能像法老所希望的那样充满智慧？

任务问题六：你认为聪明与智慧有分别吗？如果有，它们有何分别？

关于"不可能的任务"与通常意义上的"不可能性"，试一试下面的任务问题。

任务问题七：讨论"一切皆有可能"。

在线支持

主要哲学
亚里士多德与逻辑三段论
相关哲学
贝克莱与唯心主义
弗雷格、罗素与逻辑
前苏格拉底哲学与自然哲学

> **相关课程**
> 你能两次踏入同一条河流吗？
> 思考虚无
> 西比系列故事：托尼的测试
> "永远"的尽头
> 无限填充：形而上学之趣

比利啪啪

帮助孩子发展思维

> 适合 6 岁及以上儿童
> 星级难度：*

本故事最初是为年幼的孩子设计，结果受到各年龄段孩子的欢迎。一位 7 岁的孩子在听完故事后不久对我说："我一天到晚都想着比利啪啪。我给他设计了五种结局。"

主　题

自我控制
情感
信念
幸福

本课哲学

比利啪啪的故事关注了一个与孩子息息相关的话题——行为自控能够达到何种程度。本课程不是宣扬对自己行为负责的道德说教，它模糊的寓意等待着孩子们的探索。许多成年人以为自己在任何场所都能够自控，但古希腊斯多葛学派哲学家认为，大智慧就是可分辨哪些是我们能控制的，哪些是我们不能控制的。迫切需要自控能力的酒徒们耳熟能详的《安宁祈祷词》这样祷告：

> 神啊，赐我以安宁，
> 来接受我不能改变的；

比利啪啪

赐我以勇气，
来改变我可以改变的；
赐我以智慧，
来分辨两者间的区别。

——莱茵霍尔德·尼布尔（Reinhold Niebuhr）

苏格拉底、柏拉图与亚里士多德曾先后讨论过"意志的软弱性"（古希腊文为 akrasia），自此它一直是哲学著作的主要话题之一。大多数孩子都有过这样的经历：承诺要表现好，也真心想表现好，可一到相同的情形就会再犯同样的过错。大多数孩子（包括成人）也知道，一旦违背诺言，随即而来的懊悔与自责的滋味很不好受。千百年来，哲学家们对这一现象兴味盎然：为什么我们会做自己不希望做的事呢？或者说，为什么我们不做明知对自己有益的事呢？这是跟我们生命之初息息相关的哲学。

引 子

这是 8 岁男孩比利的故事。比利得此雅号"比利啪啪"是因为他经常"啪啪"地打人。

比利与别的小孩一起玩，不久就会吵架，然后"啪啪"打人，别的小孩哭着走了。比利在教室里，不久就跟同学吵起来，然后就是"啪啪"打同学了，同学哭了。老师试图阻止他，他想打老师。当他被送到校长办公室，他甚至想打校长。当他妈妈到学校来领他回家，他甚至想打他妈妈。他总是在打人，总是在惹麻烦，没什么朋友。

一天，在惹下一大堆麻烦后，心神不宁的他跑到自家屋后的小树林里一个隐秘的地方。他坐在高高的橡树下，哭了又哭，哭了整

163

帮助孩子发展思维

整一个小时。

　　终于，他停止了哭泣，擦干了眼泪，抬头看见一位老妇人站在面前。老妇人长着鹰钩鼻，留着又长又打结的灰头发，穿着肮脏的斗篷，肩上背着个皮包。比利觉得她看起来像个女巫。

　　"怎么啦，比利？你哭什么呢？"她用沙哑的嗓音问道。比利很吃惊，她居然知道自己的名字！

　　"我总是惹麻烦，因为我老是打人。打人让我感觉糟糕透了。"他解释说，"我不想感觉这么糟。"

　　"我想，我正好有样东西可帮助你。"女巫说。她把手伸进口袋，拿出了一小瓶液体。她用另一只手指着瓶子说："这东西会让你情不自禁地想打人，因为是情不自禁，你就再也不会感觉糟糕了。"

　　比利抓过瓶子，打开盖子一口气喝下去。咕噜！他二话不说拔腿就跑，边跑边微笑着对自己说："我再也不会感觉糟糕了。"他没有注意到，老妇人咯咯地笑了。

　　不久，比利碰到一群玩耍的孩子。他走上前（他们显然不知道他是谁），加入进去。他颐指气使，非常霸道，不久就跟他们吵起来。"啪啪！"他打哭了一个孩子，别人不想跟他玩了。比利这次没有什么不好的感觉，因为他喝了老妇人的药，情不自禁地要打人。他微笑着走开了。

　　比利对自己的打人举动没有不安情绪，但他还是老惹麻烦，还是交友有困难。他不怕没朋友，因为他有计算机玩。

　　玩了几个月，他厌倦了计算机游戏，想出去跟孩子们玩。于是他走出去，不久就碰到一群出来玩耍的孩子。现在，每个人都知道比利啪啪，他们都不愿跟他玩。他走向离他最近的男孩，大声叫道："你要当我的朋友。"

　　"我不想跟你玩，比利，你会打我的。"小男孩胆怯地说。

比利啪啪

"我不会。"比利生气地说。

"你会。"

"我不会。"

"你会。"

"我不会。"

"啪啪!"小男孩哭着走了。

于是比利去找另一个孩子玩,他看见一群玩乐的女孩。

"你要做我的朋友。"他对一个女孩说。

"但我不想做你的朋友,你会打我的。"小女孩这样说。

"我不会。"

"你会。"

"我不会。"

"你会。"

"我不会。"

"啪啪!"女孩哭着跑了。

比利十分不安。他跑到自家屋面的小树林里的隐秘之处,坐在老橡树下,哭了又哭,哭了一个小时。当他停止哭泣,擦干泪珠,他抬头看见老妇人又站在他面前,跟上次一样。

"怎么啦,比利?你哭什么呢?我的药没有见效吗?"她问道。

"它见效了,打人不再让我感到糟糕。但我仍然有麻烦,我没有朋友。"

老妇人摸着下巴想了想,说:"我想,我有一样东西。"跟上次一样,她把手伸进口袋,拿出一小瓶液体。"喝了这个,你就没有能力打人。你会想打也打不成。"

"好极了。"比利大叫,从她手里抢过瓶子。他迅速拧开瓶盖,一口气喝下去。咕噜!他转身就跑,一边微笑着哼着歌儿。匆忙间,他没有留意到,老妇人又咯咯地笑了。

165

帮助孩子发展思维

不久，他碰到一群玩耍的孩子。他们一见到比利，就四处逃散。比利在后面追赶着，叫道："别跑！跟我玩儿！"终于，他们停下来，面向他说："我们都不想跟你玩，你会打我们的。"

"我不会。"

"你会。"

"我不会。"

"你会。"说完，孩子们紧闭双眼，等着挨打。但没有拳头落下来。他们睁开眼睛，看到比利两手侧垂，站在那里。

"怎么啦，比利？"一个孩子问道，"你为什么不打我们呢？"

"因为我不打任何人。"比利回答。他走开了，跟孩子们一样困惑。

几周过去了，老师问他："比利，你怎么啦？你好几个星期没有打人了。"

他妈妈打电话到学校，问："怎么啦？为什么你们没给我打电话投诉比利的淘气呢？"

"那是因为他好几个星期都没有打人了，比利妈妈。"

"你说的是我的儿子比利吗？"比利妈妈惊奇地问。

"是啊。"

随着时光的更移，孩子们渐渐开始跟比利玩了。比利很开心，他终于有了朋友。大约一年后的一天，他又去了他的隐秘地，坐在那里想着心事，独自玩着。他没有像以前那样哭一个小时，没有抹眼泪，他居然又看到老妇人站在他面前，站在跟以前一样的地方。

"你怎么啦，比利？你为什么没哭呢？"老妇人惊讶而又关切地问道。

"我喝了你的药水，不再打人了。我有很多朋友，我很开心。"

老妇人怪异地看着他，慢慢地，她咯咯地笑起来。比利迷迷瞪

比利啪啪

瞪地看着她。她接着笑，比利开始思索起来。

"你笑什么？有什么这么好笑？"他问道。

"比利，我要告诉你一件事。"她承认道。

老妇人打开她的皮包，比利可以看到里面装着成打的药水。她拿出一瓶，递了过来。

"它看起来像什么？"她问道。

"它是清澈的，看起来有点像水。"比利回答说。

老妇人又咯咯地笑了。

"它闻起来像什么？"她接着问。

比利打开瓶盖，闻了闻里面的液体。

"它闻起来不像任何东西，有点像……水。"

她又咯咯地笑了，比利开始怀疑起来。

最后，她问道："它尝起来像什么呢，比利？"

比利尝了尝，虽然他已经知道它的味道。

"它尝起来就像水。"比利压低嗓音叫道。

老妇人大笑起来。

"比利，"她说道，"你喝的那些药不是别的，就是水啊。"老妇人笑了又笑。她的笑声惹恼了比利，他感到身体里冒出一股怒气，他攥起拳头，气得满面通红……

……这不是一个普通的故事哦。它跟别的故事不同，因为你要自己编出结局。你认为比利会干什么？为什么？

在此处停下来，把任务问题写在展示板上。

任务问题一：你认为比利会干什么？为什么？

给孩子们留出交谈时间，让他们结对或小组讨论。记住，在你听取他们的看法或提出下一个任务问题之前，你要针对某些难点问一些理解性的问题。

帮助孩子发展思维

他攥起拳头，气得满面通红

任务问题二：在极端愤怒时，你能否控制自己？

嵌套问题：
- 如果药水真的就是水，它们会起作用吗？
- 老妇人有没有帮到比利？如果药水就是水，为什么他停止了打人？
- 如果你忍不住打了人，你感觉糟糕吗？

拓展活动

　　一项有用的拓展活动就是让孩子们分享他们的自控策略，或者更确切地说，他们应对能够影响自控的威胁因素的策略。我是请孩子们想办法让狂怒中的自己不做坏事。我设定时间，请孩子在一张大卡片上写出尽可能多的策略并跟大家分享，然后贴在墙上的某个地方供参考，让大家都能看见。

> **提示与技巧：接受型信念与执行型信念**
>
> 接受型信念，是指孩子们从老师和父母处听到的信念。当被问及或回答一些诸如"生气的时候打人对吗？"等引导性问题时，他们就会报告说他们有这样的信念。执行型信念，是指深藏心中并指导他们行为的信念，如："要是有人惹恼了，你气得不行，打人是可以的。"道德讲述常常只会引出接受型信念，而探究课会让这两种信念之间的差别缩小，因为孩子们可琢磨自己的执行型信念，并在分析与反思的过程中改善自己的信念，虽然这样做比较耗时。

在线支持

主要哲学
苏格拉底、柏拉图与意志的软弱性
相关哲学
洛克与自由意志
道德哲学
萨特、波伏娃与人性
苏格拉底、亚里士多德与灵魂论
斯宾诺莎与决定论

帮助孩子发展思维

> **相关课程**
>
> 古阿斯的指环
> 王子与猪
> 快乐的囚徒
> 金手指
> 青蛙与蝎子
> 西比系列故事：盗窃案
> 西比系列故事：谎言

思考虚无

帮助孩子发展思维

适合 8 岁及以上儿童
星级难度：**

主　题

存在
语言
参照物
意义
数字
数学
古希腊

本课哲学

虽然"虚无"（nothing）指"不存在的东西"（其字面意思就是"没东西"），却成为千百年来哲学家们热衷的思索对象。它也是一个受孩子们欢迎的哲学话题。某个东西是"虚无"的，思考"虚无"的东西多么有趣！这真是个似是而非、值得玩味的东西。

哲学家巴门尼德（Parmenides，公元前 520—前 450）尤其喜欢思考虚无。他的思索路径分为两条：第一，他认为思考虚无是不可能的，因为，要想思考虚无，你得把"虚无"变成某种东西，这样才能思考；第二，他认为"虚无"不可能存在，因为世界上只有"是什么"的东西，准确说来，因为"不是什么"不是什么，所以

思考虚无

不可能"是什么"。你会发现，孩子们的推理过程跟巴门尼德的推理过程非常相似，尤其是第一个论证：为什么不可能思考虚无？

引　子*

坐好，挺直背，放平脚，闭上眼。现在，花上一两分钟去极力思考虚无。

给孩子们两分钟去思考。你自己也保持直立和静默，并尽量降低外界干扰。

> 任务问题一：思考虚无，可能吗？

在上述思想实验之后，我通常给孩子们留出交谈时间以讨论任务问题一。本课程的好处就在于给孩子们介绍了一个正式的论证。先让孩子们讨论一半的时间，然后才引入下面的论证（见"前期讨论"策略，理由见后）。把论证投影在展示板上，或复印出来，两人一张。你可在"支持网站"上找到巴门尼德的论证并下载。

> 巴门尼德的论证
> 思考虚无是不可能的，因为……
> 要想思考虚无，你得把"虚无"变成某种东西，这样才能思考。

问问孩子们是否同意巴门尼德的论证，鼓励他们进行批判性评价，提醒他们不一定同意巴门尼德的看法。下面是巴门尼德论证的另一个版本，比第一个论证稍微复杂一些，你可在情况允许时使用。

---

* 本课"引子"设计的灵感源自邓肯·琼斯自编自导的电影《月球》。

帮助孩子发展思维

> 虚无不存在，因为……
> 世上只有"是什么"。
> 虚无是"不是什么"。
> 说"不是什么"是毫无意义的。
> 因此，虚无不存在。

下面是我建议的任务问题，供深层探究时使用。

> 任务问题二：零是一个数字吗？
> 任务问题三：零是什么？
> 任务问题四：零是否等同于虚无？
> 任务问题五：如果我写一个"0"在展示板上，我是否证明了虚无是存在的，因为它就在教室里，全班都能看见？
> 任务问题六：如果你能思考某物，是否证明这个东西是存在的？你能想出一个不存在的东西吗？
> 任务问题七：1. 某物能变成虚无吗？2. 虚无有可能变成某物吗？

哲学：论证与论证！

哲学中，我们经常使用"论证"一词，它与日常生活中常用的"论证"大相径庭。跟孩子们说"论证"而不说明哲学上的特殊用法，会让他们感到困惑。跟孩子们尤其是幼儿探究时，要避免使用"论证"一词，你可用"观点"或其他相近的词来代替。对于8岁以上的孩子，你可以说明它们之间的区别。首先，把"论证"一词写在展示板上，问孩子们它有何含义。当孩子们给出自己的看法时，把它们写在展示板上作为概念图，并寻找解释机会。有的孩子可能会说，"论证"就是"自我辩护的时刻"，有

思考虚无

> 的孩子可能会说,"论证"是"两人彼此对吼,因为他们之间有分歧"。一旦他们自己说完了区别,马上就使用我在"金字塔的影子"一课中所下的定义。可以说,今日哲学家们所用的"论证"一词的含义(这一点已被论证),是从巴门尼德和他的信徒们开始的。

在线支持

主要哲学
前苏格拉底哲学与自然哲学
相关哲学
亚里士多德与逻辑三段论
贝克莱与唯心主义
赫拉克利特与变化
形而上学:论存在
芝诺、悖论与无穷大

> **相关课程**
> 椅子
> 你能两次踏入同一条河流吗?
> 金字塔的影子
> "永远"的尽头
> 无限填充:形而上学之趣

另一个星球上的你

帮助孩子发展思维

适合 10 岁及以上儿童
星级难度：★★★

主 题

人格同一性
同一性
人性

本课哲学

本故事的话题是"人格同一性"，目标是让孩子们思考，是什么东西让一个人成为他自己，即哲学中所谓"人格"。"同一性"是哲学中一个普遍的话题，它关心的是什么东西让某物始终是某物自己。哲学家们把同一性分为两种："量的同一性"与"质的同一性"。量的同一性是指物质的构成成分，而质的同一性是指某物所具有的属性。因此，如果有一天你看到一把椅子，第二天在不同房间里看到另一把椅子，而这只是同一把椅子被移到另一个房间，那么它们就是量的同一；如果它们的外形、设计、颜色都一样，但它是在同一时间、同一地点，用同一种材料生产出来的另一把椅子，那么它们就是质的同一。若把它们放在同一房间，你就有两把椅子；若你把具有量的同一性的椅子放在同一房间，你就只有一把椅子。这一切看起来好像清晰无误，但考虑到时间因素对一个人的改变，事情就复杂了。随着时间的迁移，构成你的物质——细胞——在不停地新陈代谢，因此婴儿时期的你与80岁的你在物质构成方面完全不同。但我们一般会说，不同时期的这两个"你"之间的关系，比同时生产的两把椅子之间的关系，要密切得多。

引　子

想象现在是未来的某个时间点，人类已有能力去其他星球开采矿藏，你就工作在另一个星球上。你独自一人在星球基地，干着机器人和计算机无法干的活儿。

一天，在星球的某个地方，一部机器出了毛病，你前去排除故障。突然，一场意外发生，你应声倒下。不过，你没死，只是昏迷了好几天。恢复知觉后，你蹒跚着向基地走去。回到基地，你震惊地发现，你不在期间已经有人取代了你，而且这人的外貌举止简直跟你一模一样！

你决定查明事情的原委。结果发现，基地里有成百上千的你在沉睡，每一个都是你的克隆，如有需要就会被唤醒。基地计算机以为你已经死了，便决定激活一个克隆的你来替岗。

现在解释一下什么是克隆，或请孩子们来解释。以植物为例，说说它们是怎样进行无性繁殖的。

> 提示与技巧：如何巧用故事唤起思索——理解时间
>
> 故事里有很多值得内化的东西。在设置任务问题或探讨之

179

帮助孩子发展思维

前,有必要花点时间去弄明白来龙去脉。为了让孩子们有足够的时间去理解,有时你甚至想把故事重读一遍,其实大可不必。首先,你可以设置任务,让孩子们以小组为单位去复述故事。让第一个孩子把记得的部分都讲出来(除非你要求他停止),然后问其他孩子是否补充(这一点很重要,耽搁太久会让他们失去兴趣)。几个人发言之后,你还可以进行事件综述。

理解时间之后,就自然而然进入探究讨论这一环节。若情况有变,就拿出已经准备好的任务问题。

任务问题一:现在,基地里有两个你,你们是同一人吗?

你可能会听到下面的话(附反馈问题):

他们是同一人,因为……

- 他们拥有同样的基因。

反馈问题:这是否意味着长得彼此相像的双胞胎是同一人呢?

- 他们长得一样。

反馈问题:可不可能两个人长得一样,却是不同的人呢?

他们是不同的人,因为……

- 一个是真实的人,一个是克隆人。

拓展活动(给稍大的孩子)

为了增加趣味性,在讨论后期,你可以建议说,通过缜密调查,他们发现自己其实都是克隆人,而原装正品很早就死了。本拓展活动建议只提供给12岁及以上的孩子。

任务问题二:这对他们意味着什么?是否说明他们都不是人?

- 他们拥有不同的记忆。

反馈问题：如果他们拥有相同的植入记忆，又会怎样？

- 他们可能喜欢不同的东西。

反馈问题：如果基因相同，他们会喜欢不同的东西吗？

- 如果他们是同一人，那么，他们会有同样的思想，在同一时间行动也相同。

反馈问题：有两个人被调教得思想一致、行动一致，但他们还是不同的两个人，有没有这种可能呢？

- 如果他们是同一人，他们就会在同一时间出现在同一地点（如一个11岁的儿童所说的，会"心有灵犀"）。（把这一观点同"在线支持"的"莱布尼茨与同一性"之"莱布尼茨法则"相比较。）

后两种思想显示，孩子们开始思考数的同一性——他们已经发现，对人格同一性来说，仅有质的同一性是不够的（用另一个词来说，就是"不充分"——见"探究策略：必要条件与充分条件"）。

在线支持

主要哲学
莱布尼茨与同一性
相关哲学
笛卡儿与二元论
赫拉克利特与变化
霍布斯与唯物主义

帮助孩子发展思维

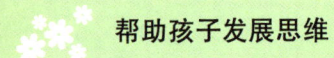

> **相关课程**
>
> 你能两次踏入同一条河流吗?
> 忒修斯的船
> 西比系列故事:重建
> 你在哪里?

西比系列故事

帮助孩子发展思维

适合 7 岁及以上儿童

介 绍

"西比系列故事"由讨论人工智能的一系列相关故事构成，请不要分开使用。故事主要适合 7~9 岁儿童，也可用于任何年龄段的青少年。每个故事可独立成课，或拓展成两到三个课时。探讨故事主人公西比的特征，能让孩子一直对故事中话题感兴趣——我就是这么干的。如果你的讨论对象是成年人，请阅读艾萨克·阿西莫夫（Isaac Asimov）《机器人系列故事》卷一《我，机器人》和短篇小说《机器管家》，它们是"西比系列故事"的灵感源泉。阿兰·图灵（Alan Turing，见"西比系列故事：托尼的测试"）在 1950 年题为《计算机与智能》的研讨论文中发问："机器能思考吗？"这是贯穿"西比系列故事"的主线。谨记这一问题，有利于你和孩子的探讨顺利开展。

西比系列故事：朋友

帮助孩子发展思维

星级难度：*

主　题

友谊
关系
移情

本课哲学

"友谊"成为哲学的主题，出乎你的意料了吧？但许多著名哲学家（如柏拉图）已经提出并讨论过。亚里士多德经常讨论友谊且讨论得最彻底。"朋友"还让我们思索："除了人之外，我们与物品或物体之间有什么联系？"有趣的是，孩子们经常会把无生命的物品划入友谊范围之类，这与成年人的看法形成鲜明对比。本课让我们讨论人类与物品的普遍联系，以及如何界定和理解这些联系。比起仅仅讨论人与活着的东西或人类自身之间的友谊，它极大地丰富了本次探究的内涵，并非离题或犯错。

引　子

杰克是个跟你差不多大的小男孩，新近转了学校。他很腼腆，大多数时候躲在角落里埋头阅读。

西比系列故事：朋友

早餐桌上，杰克的爸爸问他是否在学校交到新朋友。杰克说："我有书，它们就是我的朋友。"

杰克的爸爸开了一家很大的公司，名叫"电脑人"（"电脑"和"机器人"的混合）。杰克的话让爸爸思考了很久，并想出一个主意。

圣诞节到了，杰克跑下楼去查看圣诞树下的礼物。他发现了一个奇怪的东西，差不多有圣诞树那么高。他激动地打开包装，发现了一部计算机装置，一根和自己一般高的柱子与平坦的底座相连。"这是什么呀？"杰克问。

"通上电看看。"爸爸微笑着说。

杰克打开电源开关，礼物开始呜呜咔咔作响着动了起来。屏幕上突然出现了一张脸，有眼睛有嘴巴有鼻子。"你好，杰克。我的名字是CB-1000。很高兴见到你。"两边的扬声器里传出金属质感的声音。随着这些话，嘴巴也在一动一动的，杰克看呆了。

爸爸告诉杰克说，这是专门为他设计的计算机朋友，取名CB-1000。杰克欢呼雀跃，但他告诉爸爸这个名字不好，他要重新取名。他把新名字写出来，让爸爸过目：西比。

现在西比被安置在杰克的房间，电脑端口两侧的扬声器下有一个传感器，杰克说什么，西比都有反应。杰克对这个新朋友满意极了。

西比能跟杰克谈任何话题。杰克只要告诉它想谈什么，它就去下载相关信息。它通晓跟杰克谈话时需要的一切信息。

同时杰克在学校交了一个名叫托尼的新朋友，他们经常在一起玩。托尼很会说笑，让杰克很开心。于是，杰克决定让托尼看看西比。托尼很嫉妒，他说杰克太愚蠢，交什么计算机朋友。杰克听到托尼的话后很是不安，便说："你想什么它就能跟你谈什么，而且比你懂得多。"

"但它不会正常地谈话，不能跟你一起去玩，也不能像我这样让你

187

帮助孩子发展思维

发笑，所以它不是真正的朋友，它只是计算机。计算机是不能做朋友的，它只不过是一堆塑料、金属、螺钉、螺母罢了。"

任务问题一：托尼说得对不对？西比能够成为真正的朋友吗？

在探讨这个问题时，你可多次重述托尼的理由作为"拉回策略"。
"但它不会正常地谈话，不能跟你一起去玩，也不能像我这样让你发笑，所以它不是真正的朋友，它只是计算机。计算机是不能做朋友的，它只不过是一堆塑料、金属、螺钉、螺母罢了。"这样可帮助孩子不跑题，同时又牢记理由，并可从这些理由的角度来思考问题。

任务问题二：真正的朋友有什么特点？

任务问题二的使用方法之一就是绘制独立的概念图。在每一个阶段，都问问孩子们西比是否符合他们设置的标准。举个例子，如果他们认为"朋友要关爱你"，问问他们西比是否关爱杰克。这样，围绕着任务问题二的所有讨论，都可以回归到故事和任务问题一上来。

嵌套问题：
- 物品能否成为朋友？
- 椅子能否成为朋友？
- 泰迪熊和洋娃娃能否成为朋友？

> 哲学：概念分析（相关"探究策略：概念展示"）
>
> 当你分析某个概念的含义，或对概念感到困难及有争议时，常

西比系列故事：朋友

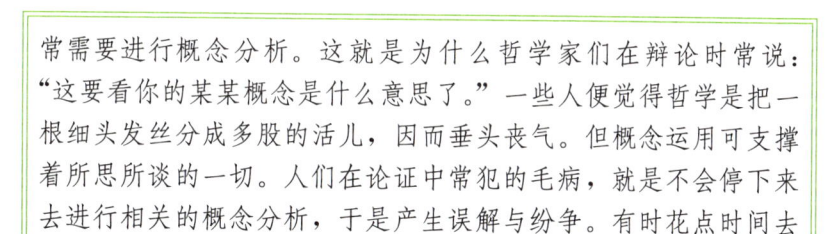

常需要进行概念分析。这就是为什么哲学家们在辩论时常说："这要看你的某某概念是什么意思了。"一些人便觉得哲学是把一根细头发丝分成多股的活儿，因而垂头丧气。但概念运用可支撑着所思所谈的一切。人们在论证中常犯的毛病，就是不会停下来去进行相关的概念分析，于是产生误解与纷争。有时花点时间去分析相应概念，便会避免无谓的分歧与争论。

概念分析的有效方法之一，就是找出话题中普遍的概念性问题，并把讨论结果运用于特定讨论之中。例如，你想探讨亨利八世是否是个好领导，相关概念分析就是："好领导是什么样？"一旦达成共识，你就可以运用孩子们罗列的好领导标准，去解决先前的问题："亨利八世是好领导吗？"这是探究方法背后重要的原则之一（见术语表）。

任务问题三：如果你拥有一个泰迪熊，身上有个按钮，一按就发出"我爱你"的声音，这是否意味着泰迪熊爱你呢？

当我跟7～8岁小朋友探讨时，问题出现了。当时我刚完成主要任务问题，接着问嵌套问题："泰迪熊和洋娃娃能做朋友吗？"他们便反问："泰迪熊能爱你吗？"

探究策略：思维的迷宫——拉回策略与回音策略

哲学给予学习者的训练之一是综合性思维，即在磋商或研讨过程中牢记自己的观点。花点时间去观察孩子、朋友或亲人的谈话，你会注意到一个现象：他们从一个地方开始，在交谈中多

帮助孩子发展思维

次跑题，最后以到达一个完全不同的地方而告终。许多人只把注意力集中到某一个时刻所谈的内容，话题多次转换，于是再也回不到主线。只有敏捷的倾听者才始终记得最初的话题。

在希腊神话故事《忒修斯和弥诺陶洛斯》中，忒修斯之所以能够在迷宫中找到回来的路径，是因为女友阿里阿德涅为他在路上做了标记。思考，特别是哲学思考，会在问题的分支、澄清和论点判定时，出现各种迂回曲折。因此，记住讨论的最初观点是一项基本功。随着内容的变换和认知的发展，孩子们常常忘记了思维的出发点，这时你就要像阿里阿德涅一样，用拉回策略把他们拉回到任务问题上来，以回到原来的地方。注意要轻柔行事，别说"你们还没有回答问题呢"，或"你们谈的是不相干的事"。你可用最初的问题来提醒和拉回他们："那么，西比能够成为真正的朋友吗？"提问时，态度要中立、温和。

有时，年幼的儿童会忘掉句子的开头，更别说观点了。这时，你可用回音策略来帮助他们找回思路，例如："你说过'西比不是真正的朋友，因为真正的朋友会……'"这样足以提示他们完成思考。记住要保留他们的原意，不能在使用回音策略时改换他们所用的字词。在帮助他们时，尤其要注意别做任何改动，哪怕原句有语法错误。

在线支持

主要哲学
亚里士多德与友谊

西比系列故事：朋友

相关哲学
亚里士多德与目的论
密尔与功利主义
道德哲学
柏拉图与正义

相关课程
蚂蚁的生命意义
共和岛
比利啪啪
西比系列故事：谎言
你在哪里？

西比系列故事：托尼的测试

帮助孩子发展思维

星级难度：**

主　题

人工智能
计算机
思考
语言

本课哲学

　　本故事灵感源自数学家、计算机科学家阿兰·图灵（1912—1954）著名的"图灵测试"。此测试假设，如果人们不能分辨通过计算机跟自己谈话的是人还是机器，就可以充分证明人工智能的存在。本测试影响深远，也曾遭到猛烈抨击。受其影响，大量围绕人工智能的实验相继纷纷展开。

引　子

　　托尼建议杰克来个测试，看看西比是不是真正的朋友。他说可以把西比连接到杰克家另一台计算机上，同时把某个神秘人物连接到同一台计算机上。这个人可以是托尼以外的任何人，因为建议是他提出的，否则会不公平。然后杰克在不知道对方的情况下与他们

西比系列故事：托尼的测试

对话，并说出谁是谁。托尼说，如果杰克不能分辨对方是谁，就可以证明西比能够思考；如果西比能够思考，他就是真正的人。托尼还说道："如果西比是真正的人，他就是真正的朋友。"

画出简图，帮助孩子理解测试是如何进行的。

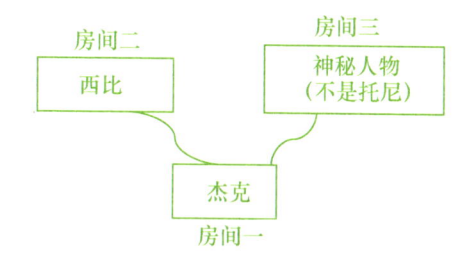

```
    房间二              房间三
    ┌────┐          ┌──────────┐
    │ 西比│          │神秘人物  │
    └────┘          │(不是托尼)│
         \          └──────────┘
          \          /
           ┌────┐
           │ 杰克│
           └────┘
           房间一
```

托尼的测试

接下来你最有效的方法是使用键盘，在真实时间里把测试投影到展示板上，让孩子们都能看见，帮他们想象杰克的测试谈话正在实地实时发生。你不可朗读对话，这一点很重要，因为朗读者的声调变化会暴露自己或多或少的倾向，但可以允许孩子们朗读字幕。这样既可保持中立态度，也方便孩子们自发接受任务。你也可自行判断哪一个是人脑，哪一个是计算机。你的事先不知情并不会妨碍课程的进行。我建议你不要展示自己的思考，只用带着观点去听取孩子们的看法。孩子们遇到不认识的生字时，你可做解释，但不要解释"彼此情感的纽带"之类的表达，因为它很可能成为说话者是人还是机器的证据之一。

> **任务问题一**：你认为，在每一项测试中，托尼在跟谁说话，计算机（西比）还是人（神秘人物）？为什么？

在每项测试中，请孩子们解释原因的反馈不得超过五次（时间分配的原因）。然后，给出下列选择，让他们举手作为回答。

帮助孩子发展思维

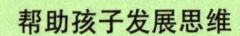

1. 认为它是西比的，请举手。
2. 认为它是人的，请举手。
3. 认为两者皆有可能的，请举手。

以下测试中，问号"？"表示对话者。

测试一

杰克：你愿意成为我的朋友吗？

？：我愿意成为你的朋友。

杰克：你为什么愿意成为我的朋友？

？：因为我熟悉你，愿意帮你，也因为我们有彼此情感的纽带。

测试二

杰克：你愿意谈点什么？

？：计算机游戏是我最喜欢的东西，我很爱它们。不过，我更愿意玩而不是谈。

杰克：为什么？

？：因为玩比谈有趣多了。

测试三

杰克：我在数学家庭作业方面有麻烦了。

？：需要我帮忙吗？

杰克：要，我做不出来。

？：请说说你哪里不理解，让我看看能不能帮上忙。

杰克：太棒了，谢谢！

任务问题二：计算机能思考吗？

西比系列故事：托尼的测试

任务问题三：托尼的测试能否证明西比会思考？（更多深层问题）

嵌套问题：
- 什么是思考？
- 既然杰克的爸爸打造了西比，他们能否直接去问他呢？
- 西比是不是被特意编程，让人认为他能思考的？

（这些问题来自 8~9 岁的孩子们。）

探究策略：揭示争议与角力展示

我的课上有时会出现适合运用上述策略的重要争议。一位 7 岁的孩子说，人就得需要有大脑，否则你无法思考。另一个孩子说，计算机芯片具有与大脑同样的功能，你不一定非要大脑才能思考。这样的唇枪舌剑有时是发生在辩论中，如果是单独出现，比如说在交谈时间内，就可以邀请发言者与大家分享他们的看法。跟"引子"一样，它可引发孩子们对关键争议的思考。你可以这样设置任务问题："你需要大脑来思考吗？计算机芯片能跟大脑一样思考吗？"如果你觉得这两种观点会在不同的交谈时间中出现，就可以使用角力展示策略："这么说，某某（A），你认为'计算机芯片可以跟大脑一样思考'，那么，你如何看待某某（B）'有大脑才能思考'的观点？"

你可能想听到的一个关键点是：思考看起来好像是在进行，但它其实是一种思考模拟而不是真实的思考。一位 9 岁的孩子说："我认为，杰克的爸爸只是给西比编了程序让我们认为他能思考，但他不能真正地思考，他只是被设计成那样。"关于西比是否有情

帮助孩子发展思维

感,另一个孩子说:"西比只是被设计得好像有情感,但他没有内在的情感。"

> **拓展活动:破圈**
>
> 对"思考"一词,进行破圈。

在本课的故事中,我用了一个论证(哲学术语之"论证"),附录于下,或许有用。

托尼的论证

推论1:如果杰克不能说出差别,就证明西比能够思考。
推论2:如果西比能够思考,他就一定是真正的人。
结论:如果他是真正的人,他就一定是真正的朋友。

本论证是有意为之,好让孩子们发现其中的错误,至少是引起疑问。例如,有人可能会想到,某物能思考,并不意味着它一定是个人。比如说有人会说,动物能够思考,但不能说明它们就是人。然而有人会接着说,如果动物譬如海豚,可以说能在某种程度上思考,那么它在某些情形下(如道德方面)就该被当作人来对待。还有,有人会认为,并不是所有真正的人都是真正的朋友。要想被称作真正的朋友,必须具备某些特质,而不仅仅是人就行。

你或许想把本论证写在展示板上,让孩子们思考(可在"支持网站"上找到)。你不必告诉孩子说这个是论证,只需说"这是托尼的想法",然后,作为一个任务,问问孩子们如何看待托尼的想法。他们同意还是反对?在每一个阶段,你都可以用下面的问题来作为拉回策略:"你认为如果西比能够思考,他就一定是真正的人

西比系列故事：托尼的测试

吗？"或者："你认为如果西比是真正的人，他就一定是真正的朋友吗？"这样可鼓励孩子们一直在论证的范畴内思考。

如此使用论证，是哲学中较为复杂些的方法，你也许想留给高年级的孩子们（10岁及以上）使用。其实你也不妨在低年级（7~10岁）用用看，孩子们觉得复杂时再放弃。当你使用论证为哲学打基础时，最好把论证写在展示板上，让孩子们能够阅读，使他们紧跟其中深藏的、隐晦的观点。论证好似链条，它们可把每个环节串起来，最后通往结论。分析论证的艺术可让人发现，某些表面上的合格链接其实是有问题的，一旦链接破裂，你就不可能到达终点（结论）。

在线支持

主要哲学

莱布尼茨、塞尔与人工智能（Leibniz，Searle and Artificial Intelligence）

相关哲学

亚里士多德与逻辑三段论

笛卡儿与二元论

霍布斯与唯物主义

相关课程

蚂蚁的生命意义

金字塔的影子

思考虚无

你在哪里？

199

西比系列故事：盗窃案

帮助孩子发展思维

星级难度：***

主　题

责任
知晓
历史
选择

本课哲学

　　本故事同"西比系列故事：谎言"一样篇幅较长，并形成戏剧化的高潮。它不仅为道德责任的哲学性思考提供了一个平台，而且是一个让孩子们和主人公一起拼凑点滴细节并最终发现肇事者的侦探故事，虽然结尾有些模棱两可。这个故事介绍了围绕本课的深层哲学主题：认识论（跟知晓有关），即不在现场亲历时如何知晓事件的进展。认识论跟许多科目息息相关，譬如说历史，历史事件有时就会被描述得像一个侦探故事。历史与侦探故事的共同之处是必须利用已有证据拼凑。随着更多证据的出现，故事的走向可能随之改变，而人们很少（如果有的话）能对历史事件下定论。

　　本课中另一个哲学主题是关于道德责任，也被称为"决定论"。我们必须负什么样的道德责任？道德责任的标准又是什么？

西比系列故事：盗窃案

引 子

　　一天，杰克的父亲发现他比平时安静，便问发生了什么事。终于杰克承认说，他很沮丧，因为西比不会动，不能跟他出去玩。杰克的父亲决定将西比升级，让它有个身子，胳膊、腿儿一样都不少，还有能抓能握的手。杰克对这个作为生日礼物的新版西比欢喜极了。

　　在学校，杰克交了另一个朋友哈里。哈里对西比大感兴趣，杰克便邀请哈里回家喝茶。由于哈里多次问到西比，杰克决定展览一番。

　　"我可以下指令让西比干任何事，"杰克夸耀道，"看！"他把一个键盘连到西比身上，并开始编写清理房间的指令，然后按回车键。西比迅速行动起来，五分钟内把房间清理得干净整齐，不用杰克动一个指头。

　　"真酷。"哈里很勉强地说，"它还能做什么呢？"

　　杰克说他能让西比做所有的事。哈里大为震动，更加兴致勃勃："这么说，只要你编写指令，就可以让它做任何事啦？"

　　"是啊，差不多是任何事，我只需要在键盘上编程。"杰克回答道，"来，你试试。"他把键盘递给哈里。哈里编写指令让西比跳了一个滑稽舞，乐得二人哈哈大笑。

　　从那天起，哈里就不再跟杰克一块儿玩了。杰克想，哈里跟自己交朋友，原来只是为了看西比啊。杰克很伤心。

　　杰克常在晚上把西比插上充电器，并设置成休眠状态。一天，他照例把西比设置成休眠状态，就睡觉去了。夜间，一个身着黑衣、头戴鸭舌帽的人从窗口溜进屋子。他拉低帽子，遮住了整张

203

帮助孩子发展思维

脸，让人看不清是谁。

现在让我们从西比的角度来看看发生了什么事。进入休眠状态前，西比最后看见的是杰克把它插上充电器，并按下"休眠"键。接着眼前一片黑暗。电源再次打开后，它发现自己在一个陌生的房间里，一个人站在面前，身着黑衣，帽子低压，看不清脸。

"现在，西比，我要你执行一项任务。"一个男孩的声音说道，"我要你今晚潜入学校，把礼堂里的慈善钱匣子给我偷回来。"

西比回答道："我—不—能—执—行—这—项—任—务，这—是—不—对—的，它—违—反—了—我—的—程—序。"

"是吗？"蒙面人拿出键盘，开始把键盘同西比相连……

暂停故事讲述，问问孩子们蒙面人可能是谁。此时不要揭开谜底，也不要花太多时间。

早上，杰克发现西比失踪了，发送指令的键盘也不见了。他焦急万分，马上向爸爸报告一切。

第二天，杰克的父亲接到校长的电话。

父亲说："杰克，恐怕是西比今早在学校偷慈善钱匣子，当场被逮个正着。"

这消息犹如迎头一棒，杰克打心底认为这不可能，西比从来就没干过这样的事！他对父亲说："我知道这是谁干的。"

"谁？"

"哈里。"杰克说。

"你怎么知道？"父亲问。

"因为他问过关于西比的所有问题，而且他再也不上门来了。"杰克说，"他原本是冲着西比来的。"

现在，你可以选择再次停顿，让孩子们讨论及探索"知晓"这一哲学问题。

204

西比系列故事：盗窃案

任务问题一：杰克知道是哈里偷了西比吗？他能证实吗？

嵌套问题：
- 什么是知晓？
- 我们什么时候能说我们知晓某事？
- 我们怎么知道我们知晓？
- "认为知晓某事"是否等同于"知晓某事"？
- 如果我们不在现场，无法亲眼看见，我们是如何知晓某事的？
- 如果现场无人，没法亲眼看见，我们是如何知晓某事的？

接着讲故事……

杰克和父亲一起到了学校，进了校长办公室，见到西比被看押在那里。校长说，西比到校园行窃被抓，必须对此事负责，必须被拆卸。杰克惊叫起来。

杰克有了一个主意。突然，他抬起头，看着校长说："我们可以查看指纹。如果有人对西比编写过指令，他是不是就会留下指纹呢？"

于是他们查看指纹。西比身上的指纹有三：杰克的，托尼的，哈里的。"你看，"杰克说，"一定是哈里干的。"

你可再次选择此时作为讨论时间。

任务问题二：杰克说得对吗？他们能证明是哈里干的吗？

嵌套问题：
- 什么是证明？
- 你如何证明某事？
- 你能证明某事百分之百可信吗？

接着讲故事……

帮助孩子发展思维

校长抱歉地解释道："没办法呀，杰克，这些指纹只能说明可能是你们三人当中的某一个干的。还有，哈里有没有去过你家喝茶并碰过西比呢？"

杰克思索了一会儿。他很想撒个谎，让哈里处于不利境地——他确信就是哈里干的。转念又想，撒谎于事无补。"是的，他去过我家，碰过西比，还编程让它跳过舞。"杰克垂下眼帘看着脚，承认道。

"那么，恐怕就不能证明是哈里干的。西比还是要被拆卸。"校长说。

杰克父亲道："我有个办法。如果我们能进入西比的驱动看指令记录，说不定能发现更多信息。"

校长想了想，说："也许吧。"他把学校的计算机专家请到办公室来。

敲击了近半个小时的键盘后，专家说："找到了。给西比的最后指令是：'去学校礼堂，拿到钱匣子，并返回到百利大街10号，把钱交给……哈里·米勒。'"

"如此看来，"校长说，"我们要到哈里家走一趟，同他父母谈谈。"校长转身对杰克说，"你可以带西比回家，不用拆卸了。"

"乌拉！"杰克欢叫起来。杰克与父亲带着西比一块儿回家了，他觉得好久没有这样开心过。

你需要用任务问题了结此处，以继续故事中的侦破部分关于"知晓"的讨论。

任务问题三：西比驱动中的指令记录能证明哈里是肇事者吗？

嵌套问题：如果哈里是肇事者，这是否意味着，当杰克说自己知道时，他真的就知道？（本问题也可以用作任务问题，只是稍有

西比系列故事：盗窃案

难度。）

此处，我们可介绍本课的第二个哲学主题，至少需要 15 分钟的时间。也可在后续课中介绍。

> **任务问题四：如果哈里对西比重新编写了指令，那么谁该为慈善钱匣子盗窃案负责？**

你可以提醒孩子们某些重要细节：西比是盗窃案的执行者，但它是被重新编写过指令的。我发现这场讨论有各种迂回曲折的生成，例如，有的孩子认为杰克的父亲应该负责，因为是他给了西比动起来的手和脚。这种偶然因素与道德责任之间的混淆，是孩子们常犯的错误。如果杰克的父亲不让西比动起来，就没有盗窃案发生，这是偶然因素；如果因此就说杰克的父亲应该遭到道德上的谴责，这是草率结论，因为他本来没有让犯罪发生的动机。有人也许会争辩说，他的过错不在于犯罪意图，而在于疏于监管。我建议不要教给孩子们这种区分，它太过复杂，孩子们需要深层道德的理解，而这又是此年龄段的孩子很缺失的。当然，你心中要清楚地认识到，他们若能够自己弄清这一分别（某些人很可能有这个能力），当然就可以继续探究下去。

拓展活动

朗读或告诉孩子们下一情形：

想象你身处困境。你偷了东西，因为你的朋友叫你去偷。当你挨训时，你告诉老师是别人指使你干的。

任务问题五：你认为谁该负责任？

帮助孩子发展思维

> 嵌套问题：
> - 这一案件与西比案相似吗？

朗读下面的文字，结束课程。

十多天后，当杰克跟父亲在车上时，他问："爸爸，如果西比只做他被指令的事，这是不是意味着只有被指令是我的朋友时，他才是我的朋友呢？"

父亲看起来很困惑。他不知道该如何回答西比。

杰克的提问可转换成一个任务问题或打包问题。

打包问题：如果西比只做他被指令的事情，那是不是说只有被指令是杰克的朋友时，他才是杰克的朋友呢？

本问题可用于课程的深层讨论，也可在下一课使用，你还可让孩子们作为打包问题带回家去（见下文）。

> ☝ 提示与技巧：打包问题——哲学永无尽头！
>
> 哲学是一项持续性的活动。这话有多重含义。它是持续的，因为它不像其他科目有清晰明确的答案（见"哲学如何提高批判性思维能力？"）；它是持续的，因为好的哲学问题代代传承，经久弥新。哲学一旦被孩子掌握，就会渗透到他们生活的方方面面。他们的思维会从此活跃，探究的目光会投向一切进入他们思维的东西。孩子的哲学素养需要尽早培养，方法之一就是设置打包问题，让他们可随时继续哲学探究。我经常对孩子们说："带着这个问题，回家跟爸爸、妈妈、朋友、家人一起讨论。"打包问题要容易叙述，容易记忆，还要足够复杂，有开放性的结尾，才能结出累累的哲学硕果。

在线支持

主要哲学
柏拉图与知晓（Plato and Knowledge）
斯宾诺莎与决定论
相关哲学
霍布斯与唯物主义
洛克与自由意志
道德哲学
苏格拉底、柏拉图与意志的软弱性
萨特、波伏娃与人性

> **相关课程**
> 古阿斯的指环
> 青蛙与蝎子
> 古怪小店
> 比利啪啪

西比系列故事：安卓
(Android, 人形)

帮助孩子发展思维

星级难度：*

主　题

成为人类
类比
人格同一性

本课哲学

本课逆转了同一性问题，让孩子们思考是什么让人类成为人类？"Android"一词来自古希腊文 andro（意思是"人"）和 oid（意思是"形"）。亚里士多德认为，是"理智"让我们同动物区分开来；存在主义者认为，是"选择"；其他人认为，是"道德能力"让我们成为人类。"人类"和"个人"之间还有一个区别，孩子们也许会指出，西比可能不是人，但应该像人一样被对待。如此，他们便对西比的"人格"与"人性"做了某些区别。如果人的标准是智慧或理性，这样会排除非理性的婴儿和精神病患者。有人也许说，高等生物如高等灵长类动物和海豚应该被当作"人"来看待，虽然它们并不是人类。其他人也许会争辩说，我们之所以必须把动物纳入道德范围之中，就因为它们缺乏理性。如此说来，"吃苦耐劳能力"就成了是否为人类的标准。

西比系列故事：安卓（Android，人形）

引 子

系列故事开始时，西比只是柱子顶上带个电视屏幕，用扬声器说话，用传感器倾听，开口时会发出一种奇特的金属嘎嘎声。当父亲意识到杰克想带西比出去玩儿，便给他设计了机器人身子，有胳膊有腿，手可以开合自如。后来学校的其他孩子们作弄西比，因为他"说话滑稽"、行动笨拙、不停地打翻东西。杰克焦虑不安，于是父亲先改进了西比的声音，让他说的话听起来跟正常孩子一样。如果和西比在不同的房间，你会以为是一个真正的孩子在跟杰克交谈呢。他的声音听起来太逼真了，实在是神奇啊！

大约一年后，杰克的父亲将西比再次升级。他给西比装了一个更复杂的新身子，身子上覆盖着塑质皮肤。大功告成后，杰克吃惊地发现，西比看起来像个真正的男孩了，它的皮肤和头发简直就是真的。

人们几乎看不出西比不是真正的人，但有一样很重要的东西让其他孩子发现它是假人：它没有感情。西比从来不哭、不闹、不惊、不喜。杰克的父亲发现了这一点，并将其视为最后的终极挑战。他着手行动了。

杰克的父亲创造了一块情感芯片。这种微型计算机工艺可植入西比的胸腔，让西比展示情感。这样一来，如果孩子们不让西比参与游戏，它会感到受了冷落，会表现出伤心；如果它表现得很伤心，它还会哭起来。

现在西比与真正的孩子很难区分了，杰克决定给西比取个名字。他想用上西比的首字母"C"和"B"，便给西比命名为"查尔斯·布朗"。这个名字听起来更像人类，他还帮助西比更好地适应

帮助孩子发展思维

每一个人。

虽然西比看起来像人，但杰克的朋友还是叫它"机器人"。他们这样叫时，西比看起来甚是不安。一天，它对杰克说："我不喜欢大家还叫我'机器人'，我要每个人都把我当成正常人来看。"

边讲故事边画概略图，帮助孩子们理解西比各阶段的发展情况。

我常常跟孩子们解释说，有一个词可用来描述看起来像人、行动起来也像人的机器人：安卓。接下来是任务问题。

> **任务问题一**：现在西比看起来像人、行动起来像人，也希望别人认为它是人，它是人吗？

阶段1：固定计算机；阶段2：机器人身体；阶段3：声音；阶段4：有头发、有皮肤的新身体；阶段5：情感芯片；阶段6：拥有人的名字，在别人眼里是人

嵌套问题：
- 这样一来，西比是从哪个阶段开始成为人的呢？

西比系列故事：安卓（Android，人形）

- 想成为人需要具备什么条件？
- 计算机能思考吗？
- 计算机能有感情吗？
- 西比是男是女？还是非男非女？

几乎毫无例外，本课的讨论以大家异口同声地说西比不是人开始，随着讨论的展开与深入，一些孩子开始持有不同的看法。有人认为芯片或计算机不能是大脑，但它可提供与大脑同样的功能，因此也有人对西比"像个人"表示理解，尽管它不是人。

> **探究策略：检测言外之意**
>
> 我曾跟一群5～6岁的孩子一起讨论头脑和大脑是否相同。一个孩子说，头脑在大脑里面。我问了一个自己确信不会有诱导性的问题："如果头脑在大脑里面，那么头脑和大脑相同吗？"他想了想，说："不同。"我马上问："为什么？"他立即回答道："因为头脑把思想灌进大脑。"我发现在类似情况下，封闭性问题的好处就凸显出来，它能够帮助孩子直面自己观点中隐晦的含义，使之清晰化、准确化。请看下面的例子：
>
> A（孩子）：西比不算是人类，因为它没有心。
>
> B（促进者）：你认为要成为人，就得有心吗？（封闭性问题）
>
> A：是的。
>
> B：为什么？（开放性问题）
>
> A：因为……
>
> 如果你用一种开放的方式发问（使用开放性问题），孩子们就会不考虑使用正式的论证而随意作答。用技巧来检测孩子们的隐含思想，可把他们固定在使用论证回答的程序中。此时遣词造句至

帮助孩子发展思维

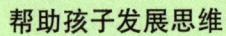

关重要。把问题提好，确保能反馈孩子们的最初假设，因此，你不可对他们口中的术语与概念进行意译。

在线支持

主要哲学
萨特、波伏娃与人性
相关哲学
亚里士多德与目的论
笛卡儿与二元论
霍布斯与唯物主义
莱布尼茨、塞尔与人工智能
洛克与自由意志

相关课程
王子与猪
青蛙与蝎子
另一个星球上的你
你在哪里？

西比系列故事：谎言

帮助孩子发展思维

星级难度：***

主　题

两难境地
决策
价值
友谊
撒谎

本课哲学

本故事给孩子们提供了一个经典的"两难境地"：规定和义务与保护朋友的本能之间产生冲突。故事凸显了两个哲学范畴：关于道德两难境地，关于道德运气。道德运气指的是不可预期的后果或事后情形是否会改变某行为的道德价值。比如说，你撒了谎，但随后的情况发生了变化，让你的谎言变成了真话，这是否意味着你没有撒谎呢？是否意味着道德上的坏行为（如果它是坏的）变成了好行为呢？一个行为的道德价值能够依靠运气吗？

引　子

现在，杰克、托尼和西比是最好的朋友，组成了一个名为"卓

西比系列故事：谎言

得"的三人帮。他们决定给三人帮找个大本营，并订立了契约。契约约定："我们发誓无论发生何事，永不撒谎。"校长询问哈里有没有去过他家的那一刻，杰克曾有过撒谎的冲动，因此他把这一誓言写进契约。西比要杰克把契约中的规定编成程序。

有一天，当他们在大本营中玩耍，这里敲敲、那里打打时，西比说他电力不足需要回家充电。托尼说他该回家吃茶点了，他提出送西比回家，留杰克在大本营完成剩下的工作。

在回家的路上，托尼和西比见到校园牛人比利啪啪朝他们走来。逃走是来不及了，比利已经看到了他们。比利跟哈里是一伙的，他一直想找杰克的麻烦，替哈里为"慈善钱匣子"事件报仇。当他见到托尼和西比从小树林方向走过来，便认为可以找到杰克。

"杰克在不在小树林里？"他指着两人来时的路，问道。

托尼和西比都认为杰克还在大本营里。如果他们回答"是"，杰克免不了要挨上一顿揍；如果他们说"不是"，他们会打破彼此间的誓言：无论发生何事，永不撒谎。

故事在此处稍作停顿，给出"两难境地"的任务问题。你的故事朗读或讲述如果够精彩，那么孩子们可能在你描述时就已经预料到了这一"两难境地"，你会听到他们领悟的喘息声。

任务问题一：你认为托尼和西比会跟比利啪啪说什么？

嵌套问题：
- 如果可以的话，什么时候能撒谎或打破誓言？
- 有没有无论如何都不能打破的誓言？
- 西比说真话是不是错误的？

在我的探究实践中，有几次孩子建议他们保持沉默，这样便构成了另一个精彩的任务问题。

帮助孩子发展思维

　任务问题二（之一）：如果托尼和西比保持沉默，他们算不算撒谎？

> **给稍大孩子的拓展活动：思想实验**
>
> 　一旦西比的程序问题被提及，就可以给稍大孩子提供更深奥的思想实验。此实验可检测我们关于撒谎的下意识，从而让我们更认真地回答任务问题二。
>
> 　**任务问题二（之二）：西比已经被编程为"无论发生何事，永不撒谎"，它的程序会允许它保持沉默吗？**
>
> 　嵌套问题：关于保持沉默与撒谎，它告诉了我们什么？

　继续讲故事……

　托尼想了想，决定回答"不是"。他认为与其让杰克挨揍，倒不如撒谎和打破誓言。西比却相反，它决定回答"是"，因为，正如程序所定，它认为撒谎和打破誓言是不对的。

　当比利听到两个完全不同的回答——托尼的"不，他不在那里"和西比的"是，他在那里"——他认为杰克一定在那里。于是，他紧握双拳，拔腿就跑。托尼和西比往家里跑，好向杰克的爸爸求救。

　他们跑进杰克家之后，大吃一惊地发现杰克坐在床上，晃着双腿，得意洋洋地朝他们微笑着。

　托尼问："你怎么跑到我们的前面来了？你见到比利啪啪了吗？"

　杰克微笑却不说话。

　"你没挨揍吗？"西比问道。

西比系列故事：谎言

"我不懂你们在说什么。"杰克一脸迷茫地回答说。

他们把发生的一切原原本本地告诉了杰克。杰克承认说，他告诉他们要留下来处理一点事情时，其实早就计划好要选另一条路先跑回家来跟他们开个玩笑。托尼与西比意识到，当比利到达小树林时，杰克已经离去。突然，杰克转头对西比说："这么说来，你撒了谎，而托尼说的是事实。"他想了想，说："这真是稀奇古怪！"

在继续课程之前，用下面的示意图帮孩子们理顺故事情境，边画边口头解释。

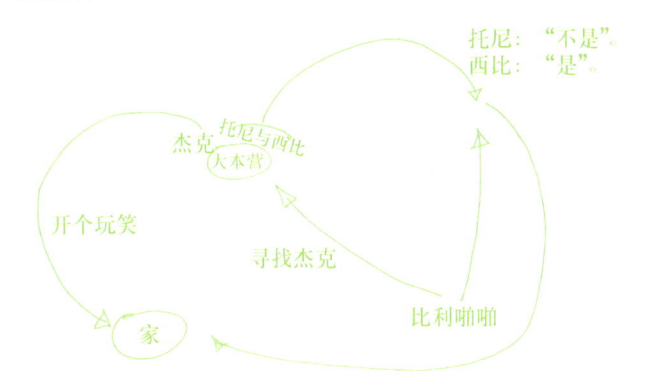

托尼："不是"。
西比："是"。

杰克
托尼与西比
大本营

开个玩笑

寻找杰克

家

比利啪啪

探究策略：理解网络图

本故事有一定的复杂性，特别是杰克和托尼没想到杰克已经离开大本营的那一段。此时基本的展示方法就是画示意图，以帮助孩子们理解。如果孩子们仍然不懂，就可用"理解网络图"这一探究策略。问问孩子们谁听懂了故事的来龙去脉。选择某个举手的同学，请他给大家说说他所理解的事情经过。然后再选一位愿

帮助孩子发展思维

> 意发言的孩子,请他用自己的语言给大家说说他的理解。注意,此时要选择原来没听懂的孩子发言,并只在出现大的错误时才打断其发言。按同样的方法继续下一轮,直到你确信人人都理解为止。

下面是一个关于道德运气的任务问题:

任务问题三:杰克说得对吗?这是不是意味着西比说了谎,而托尼说了真话?

嵌套问题:
- 什么是谎言?
- 你会在无意中做好事(或坏事)吗?

有的孩子可能会指出,说谎者是杰克,因为他说他要待在大本营,其实暗地里已打算好要抄近路回家来吓吓两个朋友。围绕这一情形的任务问题如下:

任务问题四:杰克说他要待在大本营,其实他回家了,他说了谎吗?

嵌套问题:
- 玩笑、笑话与谎言有区别吗?如果有,区别是什么?
- 当杰克开玩笑时,他是否打破了誓言?
- 谎言是有意为之才能算谎言吗?
- 如果你说了某些你确信是正确的东西,事实却证明是不正确的,这是否意味着你撒了谎呢?

我留意到,在伦敦我工作地点的孩子们,许多人会用"你撒谎"这句话来表述"你弄错了"这一原意。弄错与撒谎在概念和意

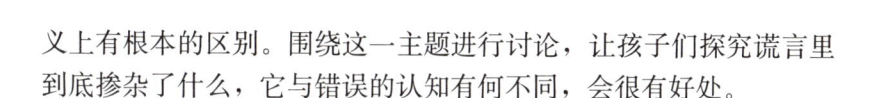

义上有根本的区别。围绕这一主题进行讨论，让孩子们探究谎言里到底掺杂了什么，它与错误的认知有何不同，会很有好处。

> **拓展活动（适合 9~11 岁孩子）**
>
> 假设在未来的某个时候，科学家已经发明了给人编程以按规矩行事的方法。现在他们能通过动手术来让我们严格履行下列行为规范：
>
> 1. 不可伤害他人。
> 2. 不可偷窃。
> 3. 不可撒谎。
>
> **任务问题五：你应该接受此项手术吗？**

嵌套问题：
- 上述规范外，还有哪些规范是你必须永远遵守的？

在线支持

主要哲学
康德与道德运气
相关哲学
洛克与自由意志
道德哲学
柏拉图与正义
萨特、波伏娃与人性

帮助孩子发展思维

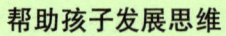

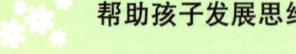

苏格拉底、柏拉图与意志的软弱性
斯宾诺莎与决定论

> **相关课程**
>
> 古阿斯的指环
> 青蛙与蝎子
> 比利啪啪

西比系列故事：重建

帮助孩子发展思维

星级难度：**

主　题

变化
人格同一性
材料

本课哲学

同"忒修斯的船"一样，本课讨论了关于"同一性"的经典话题，这一话题久经考验，历时弥新。唯物主义对本话题的论点（见"在线支持"中的"霍布斯与唯物主义"）认为，万物均可简化为物质构成，宇宙里不存在超物质的东西。这么一来，头脑只是大脑的运转；同样，自我只是大脑和身体的运转。这一理论对灵魂及其轮回的信仰（比如说，再次转世投胎）启示颇深。如果我们只不过是物质组成，那么肉体消亡时，自我便不复存在，因此无须想象一个游离于肉体之外的自我。但另一方面，对于感觉、经验、热爱等非物质的东西，或数字等抽象的实体，唯物主义就难以解释。那头脑有没有可能是上述物质的一种，因而也不能简化成物质构成呢？本课程拓展了"忒修斯的船"一课所凸显的某些观点，如：同样的记忆让我们成为同一个人。

西比系列故事：重建

引 子

一天，爸爸对杰克说："我想把西比的记忆拷贝下来，存储在一个独立的硬盘中，每过几天就更新一次。"

"为什么？"杰克问。

"万一西比有个三长两短，我们还拥有西比的记忆硬盘。这样，只用把记忆装进一个新的身体里就可以了，西比就永远是安全的。"

"那好吧。"杰克有些困惑地说。几周后，他彻底明白了爸爸的意思。

哈里曾给西比重新编程，让他去学校犯罪。此事败露后，哈里就想着去报复杰克和西比，并一直在寻找机会。一天，不经意时，这个机会出现了。

他们都住在海滨小镇。这天哈里独自在前面玩时，看见杰克和西比正沿着海边悬崖散步，而杰克和西比没看到他。哈里马上躲在树后等着。当杰克和西比走到跟前，哈里箭一般地冲了出去。没等杰克回过神来，他一下子把西比推下了悬崖。西比撞在岩石上，粉身碎骨。没等杰克捡起一片碎片，冲刷上来的海浪便把一切都卷走了。

伤心欲绝的杰克哭了又哭。当天夜晚，爸爸走进他的房间，说："杰克，用不着这么伤心。我问过你可否把西比的记忆拷贝在一个硬盘上，还记得吗？"

"记得。你说这样的话西比就永远是安全的。"杰克回忆说。

"对了！"爸爸说道，"几个星期后我就把西比给你带回来。明天我就回工厂，给你的西比造一个崭新的身体，它会跟原来的西比一模一样。然后，我把硬盘中西比的所有记忆都装进这个身体，西比就能面貌全新地回来。"

227

帮助孩子发展思维

西比撞在岩石上，粉身碎骨

杰克停止了哭泣，眼里闪烁着希望之光。接着，他拥抱了爸爸，说："谢谢你，爸爸，谢谢！"

杰克耐心地等待着。几个星期过去了，爸爸还原西比的工程比先前预期的要长，但他全神贯注地做着。

终于，爸爸从工厂回来了，全新的西比紧随其后。再次看到西比，杰克又震惊又喜悦，只是不确定这到底是旧西比还是新西比。西比记得他们一起做过的所有事情，但杰克就是不能确定。

任务问题一：新西比跟旧西比是一样的吗？

西比的材料构成是否相同？是否具有同一性？这可能让课堂产生意见分歧。一些孩子认为，如果他由不同的材料构成，就不是同一个西比（"他不是原装的那个他了。"一个 9 岁的女孩如是说）；另一些则认为，只要记忆不变，构成材料是否变化倒无关紧要。

> **探究策略：两分假设——"让我们双向思考"**
>
> 教师和孩子们可利用条件句式"如果……那么……"，对逻辑

西比系列故事：重建

上不真实的问题进行探讨；利用选择句式"或者……或者……"，对相应的条件情形和观点进行选择。同时运用两种句式，思维在哲学探索中的重要领域——假设性思维，就可以得到拓展与延伸。为了比较或对照两个不同的情形或观点，你可以同时做出假设，以观察孩子们的意见。

情形一：如果西比原有的零件都被收集回来，并重新组装，是不是意味着新西比跟旧西比一样呢？

情形二：如果西比的原有零件全部遗失（跟故事里一样），于是他被用新的零件重新组装，原来的设计不变，原来的记忆不变，这是否意味着新西比跟旧西比一样呢？

拓展活动

任务问题二：你认为头脑和大脑是相同还是不同？

在线支持

相关哲学
贝克莱与唯心主义
笛卡儿与二元论
赫拉克利特与变化
霍布斯与唯物主义
莱布尼茨与同一性

帮助孩子发展思维

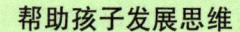

莱布尼茨、塞尔与人工智能

> 🔗 **相关课程**
>
> 你能两次踏入同一条河流吗？
> 忒修斯的船
> 另一个星球上的你
> 你在哪里？
> 无限填充：形而上学之趣

西比系列故事：终于成人了？

帮助孩子发展思维

星级难度：**

本篇是"西比系列故事：安卓（人形）"主题的小重奏，但混合了一个更重要的维度——自我认同。

引 子

杰克把西比的话转述给父亲，父亲说："我想我可以解决这个问题。"他把西比带回工厂并重新编程，让西比不再认为自己是个机器人。现在，西比认为自己就是人类。父亲对杰克说："现在，要紧的是大家都别称他为'西比'或'机器人'，要叫他'查尔斯·布朗'，或'查尔斯'，这样更好。知道了吗？"

"知道了，"杰克说，"我保证。"

"从现在起，我们要对外宣称，查尔斯就是你的弟弟。"父亲教导说。

"太好了！"杰克欢叫道，"我终于有个弟弟了。"他一直想要一个弟弟或妹妹。

任务问题一：现在，西比看起来像人，也相信自己是人，每个人也以对待人的方式待他。他终于变成人了，对吗？

对孩子们来说，当他们思考什么东西让人之所以成为人，一个重要的因素就是大脑的功用。有的孩子认为，是人就必须要有大脑。也有孩子认为，只要拥有等同于大脑功能的东西，比如说储存记忆的芯片，大脑就是可有可无了。还有人认为，虽然电脑可依靠芯片思考，但它毕竟不是人类。不过在本课中，这一问题是由西比

西比系列故事：终于成人了？

或者说查尔斯的自我意识说了算。对于大一点儿的孩子（10岁及以上），你可以把这个问题抛给他们。问问孩子们，如果他们发现自己是"安卓（人形）"，他们将会怎样看待这一问题？（见"另一个星球上的你"）

在线支持

相关哲学
亚里士多德与友谊
贝克莱与唯心主义
笛卡儿与二元论
赫拉克利特与变化
霍布斯与唯物主义
莱布尼茨与同一性
莱布尼茨、塞尔与人工智能

相关课程
蚂蚁的生命意义
王子与猪
古怪小店
另一个星球上的你
西比系列故事：安卓（人形）

"永远"的尽头

帮助孩子发展思维

> 适合 7 岁及以上儿童
> 星级难度：**

本故事适合 7 岁及以上的孩子，但我建议只给 9 岁及以上的孩子使用"卢克莱修之矛"（Lucretius's Spear）这一论证。

主　题

论证
无穷大

本课哲学

关于"无穷大"的命题，时常自然而然地成为挑战孩子们头脑的最常见哲学观点之一。数字怎么可以永远延续？比无穷大更大的是什么？空间会永远延续吗？这些只是孩子们关于无穷大疑问的一部分。利用孩子们这一自发的哲学疑问并开展探讨，大有裨益。

引　子

梅休塞拉是一位对"永远"很感兴趣的科学家兼哲学家。今年，他一直在思考：宇宙会永恒延续吗？它是否有尽头呢？于是他

"永远"的尽头

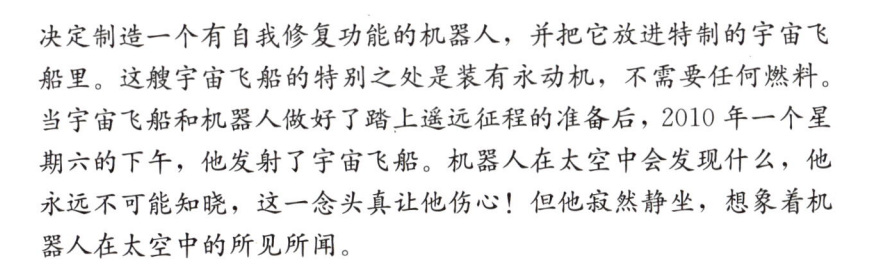

决定制造一个有自我修复功能的机器人，并把它放进特制的宇宙飞船里。这艘宇宙飞船的特别之处是装有永动机，不需要任何燃料。当宇宙飞船和机器人做好了踏上遥远征程的准备后，2010年一个星期六的下午，他发射了宇宙飞船。机器人在太空中会发现什么，他永远不可能知晓，这一念头真让他伤心！但他寂然静坐，想象着机器人在太空中的所见所闻。

任务问题一：你认为机器人会发现什么？你认为宇宙会永恒延续吗？它是否有尽头？

为了让答案集中于本课主题，我的问题设计中专门包含了上述的第二、第三问。

嵌套问题：
- 宇宙是无穷大的吗？
- 上一问题有没有备选项？比如说，宇宙是椭圆形，或者就是圆形？

卢克莱修的论证（见"支持网站"）

古罗马哲学家卢克莱修认为，宇宙是无穷大的。下面是他的论证。
首先，卢克莱修让大家想象，有这么一个人一直走啊走啊，最后走到了宇宙的尽头。然后，他把一支矛对着边缘掷了出去。卢克莱修阐述了下列看法：

◐ 论证

宇宙是无穷大的，因为……

237

帮助孩子发展思维

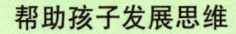

如果矛遇到了阻碍，或触及边缘，那么边缘的背后一定有某物存在。

如果矛没有遇到阻碍，那么宇宙一定是无尽延续的。因此，无论得到何种结果，宇宙一定是无穷大的。

任务问题二：你同意卢克莱修对宇宙无穷大的论证吗？

> **哲学：逻辑/概念性问题**
>
> 哲学的关注点是逻辑、意义和理解。某个案例结果如何，是自然科学而不是哲学的关注点。一旦讨论关注的是事实真相，它就离开了哲学的范畴。对哲学家来说，关注有两种，一种是实证性的，一种是逻辑性/概念性的。"宇宙是无穷大的吗"之类的问题，看起来就是个实证问题，因为科学早晚会找到答案，直到我们毫无疑问为止。然而，这一问题还有逻辑性或概念性的一面："关于宇宙无穷大的思考有意义吗？""宇宙无穷大这一观点对我们有何启示？""科学早晚会找到这个问题的答案，这样的思考有意义吗？"这些问题的概念性而非实证性让我们无须走到宇宙的尽头才能思考。跟一群10岁上下的孩子讨论时，我发现一个很好的例子生成了。当时，我们正在讨论任务问题："宇宙是无穷大的吗？"
>
> 安东首先发言说，宇宙不可能是无穷大的，否则行星们有太多空间可利用，它们就不可能待在原地了。注意，这一论证就具有逻辑性结构——也就是说，他试图通过思考的方法去解决问题。
>
> 马克斯说，没有人能知道答案，因为乘宇宙飞船到达那里需要太长时间，那时飞船上的乘客早死了。马克斯用了实证的方法去理解问题，并得出无法回答的结论。虽然它也与概念性相关，即由于人类知识的有限性，宇宙只是定义上的无穷大，而不可能

"永远"的尽头

实证发现如此。

我便问安东和马克斯,是否需要走到宇宙的尽头,才能发现它是否无穷大?马克斯回答说一定要这样做才行。

丽拉认为不需要走到宇宙的尽头才回答这一问题。"它是可答的呀,"她说,"你只要像回答 6×8 是多少那样回答就行了。"如此,依丽拉之见,它是一个逻辑/概念性问题。

在线支持

主要哲学
芝诺、悖论与无穷大
相关哲学
亚里士多德与三段论
弗雷格、罗素与逻辑
莱布尼茨与同一性
形而上学:论存在
圣奥古斯丁与时间
前苏格拉底哲学与自然哲学

相关课程
古怪小店
金字塔的影子
思考虚无
无限填充:形而上学之趣

你在哪里？

帮助孩子发展思维

适合 8 岁及以上儿童
星级难度：★★

主 题

人格同一性
我是谁？
头脑和大脑

本课哲学

  自我的大本营在哪里？古希腊人认为是在心脏。他们对尸体防腐处理时会丢弃头颅，认为它在来生并不重要。直觉告诉我们自我的位置应该在头部，因为眼睛让我们向外看，让人觉得我们就在眼睛的后面。现代科学认为自我位于大脑中。本课的思想实验将现代科学的本我观点介绍给孩子们，并让他们自己思考。有趣的是，有的孩子认为自我就是身体，有的认为自我就是大脑，这两种走极端的观点出现于多次讨论中，虽然近期的讨论中还出现另一种观点：自我是身体各个部分及其运行的混合；是脑、心、神经系统、情感等的交互。这一观点让人相信，一个游离于身体之外兀然独立的大脑，不可能代表我们的自我。你在探究过程中不一定能冒出这种看法，而只能等待它或期待类似的版本出现，它通常会由小组而非个体给出（这样看起来更像是关于自我

你在哪里？

的上述观点）。一些孩子会把自我看成是与头脑或大脑分离的东西，一些孩子可能会谈及灵魂，这些都会让课程内涵更加丰富且变化多端。记住：进行这些讨论时要细致、敏感，让孩子们自由发挥，不要做任何评判。

引 子

假设在很久以后的将来，有两位朋友珍妮和阿尔玛，她们是性格迥异的两个人。珍妮美丽可爱，人缘极佳；阿尔玛书卷味浓，头脑伶俐。她们两个却彼此极为嫉妒，甚至想成为对方。终于，她们决定去一家"头脑交换有限公司"，在那里做了手术，各自把脑袋摘下来，并安在另一个人身上。现在，珍妮的身体上是阿尔玛的脑袋，而阿尔玛的身体上是珍妮的脑袋。

画出下列示意图，以帮助孩子们理解。

珍妮　　　　　阿尔玛

珍妮在哪里？阿尔玛在哪里？

243

帮助孩子发展思维

任务问题一：珍妮在哪里？阿尔玛在哪里？

嵌套问题：
- 她们现在得到了各自想要的东西——成为对方了吗？
- 珍妮是否还是珍妮？阿尔玛是否还是阿尔玛？
- 她们是否存在于彼此的身体里？或者说珍妮只是拥有了阿尔玛的思想，阿尔玛也只是拥有了珍妮的思想？
- 是大脑让我们成为自己，还是身体让我们成为自己？
- 什么是自我？
- 大脑和身体是否相同？

> **拓展活动：我是谁？**
>
> 在展示板上画一个人，尽可能多留空白以方便在里面写字。请孩子们思考是什么东西让我们成为自己？用几个例子示范你所期望的特征范畴。例如："吉他手""好奇"，或"英伦风""高大"。如果你有足够的时间把本课程拓展成几节课，孩子们就可以画自画像并把相应的词写在画上。尽量鼓励多元化的答案。
>
> 接下来，把孩子们展示出来的词汇表分类，将其简化成共同特征，如"喜好/厌恶"（要解释这些词汇）、"物理特性"、"人格特征"等等。可把这些肖像张贴在墙上，作为进一步讨论时的参考。此举的目的是让孩子们明白，除了长相和对食物的喜好，还有许多东西让我们成为我们自己。
>
> 任务问题二：看一看，一旦失去词汇表上的某些特征，我们就不再是我们自己？

你在哪里？

探究策略：必要条件

运用本策略是为了明辨哪些是事物的基本特征。例如，游泳池可能有跳板，也可能没有，因此跳板不是游泳池的必要条件；水中的氯气也不是必要条件。水则无疑是一个必要条件，但仅有水本身并不能构成一个游泳池（见"探究策略：必要条件与充分条件"）。柏拉图和亚里士多德认为，凡物都有某种特定的质，关于此物的观点与看法都可以浓缩到这一质上来。他俩就是分属于不同的类型要素主义者。

进行下列提问，让孩子们探究"人"这一概念：

> 任务问题三：跟别人交换下列东西，是否会让我们变成另一个不同的人？
> - 我们的午餐盒
> - 我们的衣服
> - 我们的性别
> - 我们的肤色
> - 我们的四肢
> - 我们的大脑

在线支持

主要哲学
笛卡儿与二元论

帮助孩子发展思维

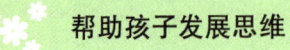

苏格拉底、亚里士多德与灵魂
相关哲学
贝克莱与唯心主义
赫拉克利特与变化
霍布斯与唯物主义
莱布尼茨与同一性
莱布尼茨、塞尔与人工智能

> **相关课程**
> 忒修斯的船
> 另一个星球上的你
> 西比系列故事：安卓（人形）
> 西比系列故事：重建
> 西比系列故事：终于成人了？

无限填充：形而上学之趣

帮助孩子发展思维

适合 8 岁及以上儿童
星级难度：＊＊＊

主　题

材料
科学

本课哲学

我用了"填充物"（stuff）一词来取代形而上学中"物质"（substance）的位置。物质的性质是我们本课关心的话题，它是什么东西？是由许多小东西组成，还是由大件东西组成？如果它是塑料组成，那么塑料是由什么东西组成？这个什么东西又得由某种东西——比如说原子——组成，而原子又不得不由另外某种更小的东西组成。这样就出现一个哲学问题：物质可以无限拆分还是到某个点就停止了？最终的填充物是什么呢？

古希腊哲学家德谟克利特（约公元前460—前370）认为，像下文中安迪和本尼那样无止无休地讨论下去是极其荒谬可笑的，不可能每种物质都由另一种物质构成并永无穷尽地分解下去。他设想有这么个基本实体，万物由它构成，而它不可能再拆分。他把这种实体命名为"原子"（atom）或"不可分割之物"（indivisible）["atom"一词就是由希腊文"a"（意思是"不可"）和"tom"（意思是"分割"）组成]。乐高拼装玩具就是一个有用的类比：它由基本小

无限填充：形而上学之趣

零件构成，小零件可组合成不同的东西，但基本小零件本身不可再次拆分。

引　子

下列对话可朗读，也可由两个孩子表演。

安迪：请问万物由什么构成？

本尼：这个容易。万物的构成物是塑料、金属、木头……我知道了——材料。

安迪：那材料是由什么构成？

本尼：更小的东西，比如说原子。

安迪：那原子是由什么构成？

本尼：比原子还要小的东西，我不知道。它们由"填充物"构成！

安迪：哦，但它是哪一种"填充物"呢？

本尼：我不知道！就是"填充物"。这难道还不够吗？

安迪：那好。假设你是对的：万物都是由填充物构成。填充物是由什么构成？

本尼：更多的填充物！

安迪：但它是同样的填充物还是不同的填充物？

本尼：我不知道！但它总该在某个地方停止，总要有某样东西小得不能再拆分了吧。

任务问题一：这一讨论会一直进行下去吗？你同意谁的看法？

帮助孩子发展思维

不可思议的缩小机

想象你是一个发明家,发明了一部不可思议的缩小机。这部机器可无限缩小下去。你在缩小机里,跟着越变越小、越变越小……于是你能在物质的内部世界穿行,并看到万物的真貌。

任务问题二:你会永远缩小下去吗?

嵌套问题:
- 你认为你会找到万物的最小填充物吗?
- 有没有最小填充物?
- 你会不会无限缩小直至消失?
- 有没有小到不能再小的东西?
- 一种东西会变得没有吗?

探究策略:"假设事实"与"假设观点"

在进行本次思想实验时,你很可能听到诸多反对的声音,说无限缩小是不可能的。对于这些反对之声,你可以用上"假设观点"这一探究策略。举例如下:

反对者:你不可能无限地缩小下去,空气压力都能杀了你。

促进者:(假设观点)让我们假设空气压力不会杀了你——如果你能不停地缩小,你认为你会一直缩小下去,还是最终完全消失?

无限填充：形而上学之趣

给稍大孩子的拓展活动：德谟克利特与原子

本活动为 10 岁及以上的稍大孩子提供，天资聪颖的孩子也可使用。首先，进行如下解释：

德谟克利特说过，原子是能够存在的最小事物。后来科学家们发现了他们认为是最小事物的东西，便按照德谟克利特的说法，把它命名为"原子"。在 20 世纪早期，科学家成功地分割了原子，发现事实上它是由更小的东西组成。

任务问题三：当原子被分割时，科学家们是不是就把德谟克利特的命题证伪了？

此问题极具诱惑性，让人忍不住想说原子被分割时就是科学家们证伪德谟克利特的命题之时。且慢！马上就有一些孩子指出，如果他们分割了原子，德谟克利特只需要说："既然它可以分割，那它就不是原子，原子是无论怎样都不可分割的。"德谟克利特的原子只是一个理论上的实体，定义为不可再分；而被分割了的原子，是被发现并被命名为"原子"的某种科学上的实体。

探究策略：同理心与挑剔

为孩子们介绍早期希腊哲学家泰勒斯以及他"万物由水组成"的观点。先问孩子们泰勒斯为什么会表达这一观点，让他们给出各种能够想到的理由，以证明泰勒斯的观点有可能正确。换句话说，让孩子们支持泰勒斯的观点。他们可以分头组织小组讨论。

帮助孩子发展思维

例如，他们可能得出"水存在于大部分物体"或"水是生命的基本要素"等结论。

一旦完成上述讨论，便让孩子们思考泰勒斯的观点存在何种谬误。换句话说，让他们反对泰勒斯的观点。我所教的孩子们曾给出了下列理由："你看看这张桌子，它就不是由水组成。如果它是由水组成，它就该流走了。"或者："如果行星是由水组成，那它们就不该像现在这么缺水，反正它们是由水组成的嘛。"

拓展活动：原子团

下列论证供大家思考。

伊芙（10岁）的论证：

"人眼不可能看到原子。如果万物都由原子组成，那么当我看着我自己的手时，我应该什么也看不见。"

把本论证写在展示板上，然后问问孩子们的看法（本论证可在"支持网站"下载）。

这一难题被另一个孩子解决了。亨利（10岁）如是说："眼睛看不见原子，但能看得见原子团。"

在线支持

主要哲学
　形而上学：论存在
相关哲学

无限填充：形而上学之趣

贝克莱与唯心主义
赫拉克利特与变化
霍布斯与唯物主义
康德与"物自体"
前苏格拉底哲学与自然哲学
芝诺、悖论与无穷大

> **相关课程**
>
> 椅子
> 你能两次踏入同一条河流吗？
> 古怪小店
> 金字塔的影子
> 思考虚无
> "永远"的尽头

术语表

理解时间：探究前的一小段时间，供孩子们表述和拓展他们对"引子"中叙述成分的理解。通常是先提问，然后请孩子们回答。这样可帮助他们用自己的语言和语域来理解引子。你只有在需要澄清误解时才能介入。

概念：一个用作支撑的抽象观点，预示着由感知到语言和推理的思考过程。以正方形为例，画一个正方形，我们只得到了一个不完美的正方形形状；试着从现实生活中找，我们几乎找不到一种形状为正方形的东西（例如，边不可能特别直）。然而，当思考或试图定义一个正方形时，我们就是在处理正方形的概念，其形象只是一个表现物。

批判性思维技巧：能够对"引子"进行批判性分析的技巧。"批判性"不一定意味着持否定态度，但要挑战已呈现的材料。本方法可检测任何看法、论证和意见的活力，并能让意见提出者根据推理的需要重新思考自己的立场。

约翰·杜威：一位对教育改革感兴趣的美国哲学家。他倡导学生积极参与学习的过程，而不是把学生看成可"灌入"知识与信息的"空的容器"。他认为教育是公民意识与民主进程的开始。他的探究方式是给学生创设论坛，让他们从接受教育之时便试用自己的民主权。

术语表

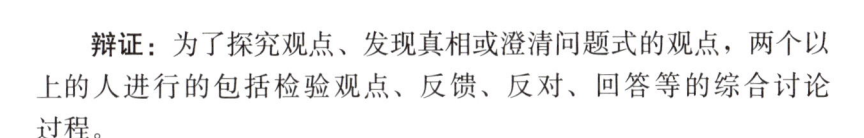

辩证：为了探究观点、发现真相或澄清问题式的观点，两个以上的人进行的包括检验观点、反馈、反对、回答等的综合讨论过程。

对话：发言者之间进行的声明、反对、回答和支持性评论，是哲学过程中的交谈部分，有利于辩证的发展。

紧急问题：探究前没有预设，但在探究过程中由孩子们提出，或是促进者从孩子们的表述中辨认出，并以此作为问题的问题。

探究：用聚焦的方法去探索、调查某个特别观点的集体性努力。

错误论证：一个表面上看起来很好但隐含推理错误的观点。

首次思考：导入任务问题之前让孩子们对"引子"自发反思的几分钟时间，是孩子们回答关于引子的理解性问题的好时候。

假设性思维：指运用条件句或与事实相反的问题鼓励思考。条件句的形式是"如果……那么……"，句子的"如果"部分是提供条件，在此基础上推理出"那么"部分的结论。与事实相反的问题是一个条件性问题，或句子提供的是不真实的条件或与事实相反的条件，例如："如果人人都是素食主义者，那么吃肉就是错误的吗？"

嵌套问题：任务问题或"引子"中的隐性问题。不一定非问这些问题，除非它们自己在讨论中凸显出来。

柏拉图：古希腊哲学家，苏格拉底的学生，亚里士多德的老师。他多次在著作中谈及教育，最有名的大概是苏格拉底对话录之《美诺篇》，其中苏格拉底与小奴隶主美诺讨论了德行与学习的本质。柏拉图试图展示知识不是自外而内进入我们的大脑，而是内在已有，只待教师用精巧的提问方式去"重新收拾"。这一观点对教学和教育理论影响深远，至今依然。

哲学探究：使用问题与推理来探讨哲学观点的一种方法。

帮助孩子发展思维

哲学（Philosophy）：源自古希腊单词"爱"（philo）和"智慧"（sophia），字面意思是"对智慧或学习的热爱"。它也是一门特别的大学研究科目，其探讨涉及三个大的领域：形而上学、认识论、伦理学。换句话说，分别是"物质构成（现实）""我们所知道的物质构成（知识）""物质构成有何意义（价值）"。哲学关心的是逻辑、概念性思考和推理。虽然哲学经常会提出很多问题，但它关注更多的是对问题的理解而不是对问题的解答。一旦答案找到，人们便开始寻找更多可能的答案。

反馈问题：为某个期待的答案而给孩子提的建议性问题，目的是让你对在哲学课上如何提问有一个总体感受。你可以选择使用，但没有必要生搬硬套。

打包问题：是你留给孩子们在课与课之间思考的问题。你可以鼓励孩子们与促进者、朋友、家人等进行讨论，或作为书面作业写入哲学日志。

苏格拉底：柏拉图的老师，最著名的哲学家之一，因其传记而蜚声四海。在伯罗奔尼撒战争中，他因作战英勇而被授予勋章，但他放弃财富与地位，过着一种鼓励雅典人进行哲学讨论的简单生活。苏格拉底让年轻人进行独立思考的不羁习惯，惹恼了雅典城里的某些权势人物，最终被送上法庭接受审判。他被判有罪并处以死刑，罪名是毒害年轻人的头脑，鼓吹不正当的神灵。他镇定地接受了宣判（虽然抗议过那些所谓的罪名），在亲友（包括柏拉图）面前饮下毒酒，从容就死。

苏格拉底式反讽：对从对手处引出的想法和观点假装无知，最早由苏格拉底创造。

引子：给一个群体呈现的东西（通常是故事的形式），目的是激励思考与讨论，创设哲学学习氛围，并以此设置任务问题。

交谈时间：在探究前或探究中给孩子们留出两两交谈或小组交

谈的时间。

任务问题：聚焦于探究的主要问题，目的是为哲学探究创设氛围。

思想实验：单独运用思想进行的实验，目的是摒弃直觉检验观点。

参考文献

Asimov, Isaac. *Bicentennial Man*. USA: Random House Inc., 1976

Asimov, Isaac. *I, Robot*. USA: Gnome Press, 1950

Fisher, Robert. *Games for Thinking*. UK: Nash Pollock Publishing, 1997

Turing, Alan. *Computing Machinery and Intelligence*. UK: Alan Turing, 1950

有用网站

书中频繁提及的"支持网站"为：http://education.worley.continuumbooks.com。

英国培训资源

哲学之屋

适合更深层的探究训练、更多的探究资源需求和专业哲学教师：http://www.thephilosophyshop.co.uk。

哲学探究提升与教学反思社区（SAPERE）

一个教育慈善机构，致力于提升全国儿童/成人运用哲学的能力及教师培训：http://www.sapere.org.uk。

苏格兰培训资源：http://www.strath.ac.uk/humanities/courses/education/courses/pgcertphilosophywithchildren/。

国际培训、孩子及成人哲学学习支持网站

欧洲哲学探究中心（EPIC）

这是凯瑟琳·麦考尔（Catherine McCall）博士与合作伙伴马

修·利普曼（Mathew Lipman）的网站，其成果见诸 1990 年 BBC 纪录片《跟六岁儿童讲苏格拉底》：http://www.epic-original.com/。

儿童哲学提升学会（IAPC）（美国）

http://cehs.montclair.edu/academic/iapc/。

儿童哲学探究国际委员会（ICPIC）（美国）

http://www.icpic.org/。

澳大利亚"校园哲学"联盟会

http://www.fapsa.org.au。

Menon

该组织拥有 11 个欧洲合作伙伴，旨在鼓励教师以探究哲学来发展辩论的敏感性与技巧，走上专业化成长道路：http://menon.eu.org/。

SOPHIA：儿童哲学探究提升欧洲基金会

帮助教师、哲学家、教育者与儿童一起探究哲学：http://www.sophia.eu.org/。

The If Machine: Philosophical Enquiry in the Classroom by Peter Worley, illustrations by Tamar Levi
Copyright © Peter Worley 2011.
Illustrations © Tamar Levi 2011.
This translation is published by arrangement with The Continuum International Publishing Group, now Bloomsbury Publishing Plc.
Simplified Chinese version © 2016 by China Renmin University Press.
All Rights Reserved.

图书在版编目（CIP）数据

帮助孩子发展思维/（英）沃利著；（英）利瓦伊绘；李爱军译.—北京：中国人民大学出版社，2016.3
（陪孩子成长系列丛书）
ISBN 978-7-300-22690-3

Ⅰ.①帮… Ⅱ.①沃…②利…③李… Ⅲ.①思维方法-能力培养-青少年读物 Ⅳ.①B804-49

中国版本图书馆 CIP 数据核字（2016）第 056801 号

陪孩子成长系列丛书
帮助孩子发展思维
[英]彼得·沃利（Peter Worley） 著
[英]塔玛·利瓦伊（Tamar Levi） 绘
李爱军 译
胡庆芳 校
Bangzhu Haizi Fazhan Siwei

出版发行	中国人民大学出版社		
社　　址	北京中关村大街 31 号	邮政编码	100080
电　　话	010 - 62511242（总编室）	010 - 62511770（质管部）	
	010 - 82501766（邮购部）	010 - 62514148（门市部）	
	010 - 62515195（发行公司）	010 - 62515275（盗版举报）	
网　　址	http://www.crup.com.cn		
	http://www.ttrnet.com（人大教研网）		
经　　销	新华书店		
印　　刷	北京鑫丰华彩印有限公司		
规　　格	170 mm×210 mm　16 开本	版　次	2016 年 4 月第 1 版
印　　张	17.75 插页 1	印　次	2016 年 11 月第 2 次印刷
字　　数	186 000	定　价	48.00 元

版权所有　　侵权必究　　印装差错　　负责调换